农田杂草
识别原色图谱

浑之英　袁立兵　陈书龙　主编

中国农业出版社

图书在版编目（CIP）数据

农田杂草识别原色图谱 ／ 浑之英，袁立兵，陈书龙
主编. — 北京：中国农业出版社，2012.6
ISBN 978-7-109-16802-2

Ⅰ.①农… Ⅱ.①浑…②袁…③陈… Ⅲ.①农田-
杂草-鉴别-图谱 Ⅳ.①S451-64

中国版本图书馆CIP数据核字（2012）第099138号

中国农业出版社出版
（北京市朝阳区农展馆北路2号）
（邮政编码 100125）
责任编辑 张 利

北京通州皇家印刷厂印刷 新华书店北京发行所发行
2012年9月第1版 2012年9月北京第1次印刷

开本：880mm×1230mm 1/32 印张：9
字数：252千字 印数：1~3 000册
定价：100.00元
（凡本版图书出现印刷、装订错误，请向出版社发行部调换）

内容提要

　　本书以河北省农田杂草为基础，内容包含了小麦、玉米、棉花、豆类、谷子、向日葵、水稻、蔬菜、果树、芦苇等农田杂草43科190种。本书采用文字和图片对照的形式，充分展示杂草各个发育时期及典型部位的形态特征。图片清晰直观，文字描述通俗易懂，适合农业技术人员、农业院校的学生、农药经销人员及广大农民朋友阅读参考。

前　言

　　众所周知，杂草危害是造成农作物减产的主要因素之一。据联合国粮农组织统计，全世界每年因杂草危害使农产品平均减产10%～15%。目前在杂草防治工作中，生产中使用最多、发挥作用最大的仍然是除草剂。由于常用除草剂大部分为选择性除草剂，每种除草剂有自己独特的杀草谱，因此，要想安全、经济、有效地使用除草剂，识别杂草是非常必要的。

　　目前已经有很多杂草分类的图书、论著。中国科学院中国植物志编辑委员会主编的《中国植物志》、李扬汉先生等编著的《中国杂草志》、唐洪元先生编著的《中国农田杂草彩色图谱》、苏少泉先生等主编的《中国农田杂草化学防治》、强胜先生主编的《杂草学》等图书中，也包含了大量杂草识别的内容。这些图书内容全面而详实，但是已经出版的图书或者为黑白线条图，或者彩色图片较少。本书以河北省农田杂草为基础，采用图片和文字对照的形式，充分展示不同杂草各个发育时期及典型部位的形态特征，内容包含了农田杂草43科190种。图片清晰直观，文字描述通俗易懂。为了清晰起见，部分杂草种子如风花菜、独行

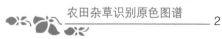

菜、荠菜等采用了显微照相。

　　植物分类是一个专业性非常强的学科，由于编著者植物分类知识有限，所以凡是本书涉及的杂草种类，如果《中国植物志》、《中国杂草志》中有记载的，均依据两本专著而命名。如果同一种杂草在两本专著中拉丁名相同但第一中文名不同的，采用两本著作中生产上较常见的杂草名字。为了更准确起见，书中的杂草形态描述，部分基于以上两本专著；书稿中所有杂草种类图片均经过张朝贤和李香菊二位研究员审阅。另外，在本书杂草调查和编写过程中，得到河北省农林科学院植物保护研究所领导、专家及多位朋友的大力支持，在此一并表示深深的感谢！由于编者水平有限，书中难免有错误之处，欢迎广大专家和读者朋友指正。

河北省农林科学院植物保护研究所

浑之英

2012年5月

目 录

前言

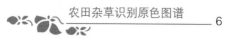

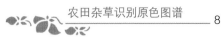

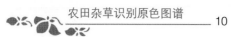

白花丹科

Plumbaginaceae

中华补血草 *Limonium sinense* (Girard) Kuntze

【别名】补血草、华矾松、盐云草。

【英文名称】Chinese Sealavender

【生物学特性及危害】多年生草本，花果期5～10月。适生于海滨盐碱地及沙碱地，危害小麦、果树等，危害较轻，种子及根芽繁殖。

【形态特征】

茎　株高15～60厘米，除萼片外全株无毛。

叶　基生，倒卵状长圆形至披针形，长4～12厘米，宽0.5～3厘米，先端通常钝或急尖，基部渐狭成扁平的柄。

花　伞房状或圆锥状花序，花序轴3～5枚，上升或直立，具4个棱角，常由中部以上作数回分枝，末级小枝二棱形。分枝为穗状花序，有柄至无柄，排列于花序分枝的上部，由2～6个小穗组成。小穗含2～3朵花，外苞卵形，长约0.2厘米，第一内苞长约0.5厘米。花萼漏斗状，长0.5～0.6厘米，萼檐白色，宽约0.2厘米，裂片宽短，萼的白色部分不到萼的中部，开张幅径明显小于萼的长度。花冠黄色。

果实　蒴果，倒卵形，具5棱。

车　前　科

Plantaginaceae

车前 *Plantago asiatica* L.

【别名】车前子、车轮菜。

【英文名称】Asiatic Plantain

【生物学特性及危害】二年生或多年生草本，花果期4～9月。部分低湿的秋作物田较多，危害较轻，种子繁殖。

【形态特征】

根　须根多条。

茎　株高20～60厘米，根状茎短、稍粗。

叶　基生，呈莲座状，平卧、斜展或直立。叶片宽椭圆形，长4～13厘米，宽3～8厘米，先端钝圆，基部宽楔形或近圆形，略下延，边缘波状、全缘或中部以下有齿，两面疏生短柔毛。叶脉弧形，5～7条。

叶柄长3～10厘米，叶柄上面具凹槽，基部扩大成鞘，疏生短柔毛。

花　穗状花序，细圆柱状，直立或弓曲上升，花序梗长5～40厘米，有纵条纹，疏生白色短柔毛。花冠白色，花梗短，花药干后黄白色至淡褐色。

果实　蒴果，纺锤状卵形、卵球形或圆锥状卵形，长0.2～0.4厘米，周裂，种子5～6。

种子　黑褐色至黑色，椭圆形，长0.1～0.2厘米，具角。

【幼苗】子叶长椭圆形，长约0.7厘米，先端锐尖，基部楔形，具长柄。初生叶1片，椭圆形，先端锐尖，基部逐渐变窄，主脉明显，具长柄，叶片及叶柄被短毛。

平车前 *Plantago depressa* **Willd.**

【别名】车前草、车串串、小车前。

【英文名称】Depressed Plantain

【生物学特性及危害】一二年生草本，花果期4～9月。为果园常见杂草，有时也侵入菜地或夏作物田，种子或根状地下茎繁殖。

【形态特征】

根　主根长，圆柱状，有较多侧根，略肉质。

茎　株高5～20厘米，根状茎很短。

叶　基生，呈莲座状，平卧、斜展或直立。叶片椭圆形或椭圆状披针形，长3～11厘米，宽1～3.5厘米，先端急尖或微钝，基部楔形，下延至叶柄，边缘具齿，两面疏生白色短柔毛。叶脉5～7条，上面略凹陷，背面明显隆起。叶柄长1～5厘米，基部扩大成鞘状。

花　穗状花序，细圆柱状，长6～12厘米，上部密集，基部常间断。花序梗长5～18厘米，有纵条纹，疏生白色短柔毛。花冠白色，无毛。

果实　蒴果，卵状椭圆形至圆锥状卵形，长0.3～0.4厘米，周裂。

种子　种子3～5，黄褐色至黑色，椭圆形，长0.1～0.2厘米，腹面平坦。

【幼苗】子叶长椭圆形，长约0.7厘米，先端稍钝，基部楔形，叶面及叶柄被稀疏长柔毛。初生叶1片，长椭圆形，长约1厘米，先端锐尖，基部逐渐变窄，叶柄与叶片近等长，均被稀疏长毛。

大车前 *Plantago major* L.

【别名】大猪耳朵草、钱贯草。

【英文名称】Broadleaf Plantain, Rippleseed Plantain

【生物学特性及危害】二年生或多年生草本，花果期6～9月。适生于低湿处，部分果园、菜田有发生，种子或根芽繁殖。

【形态特征】

根　有多条须根。

茎　株高15～30厘米，有短粗的根状茎。

叶　基生，呈莲座状，平卧、斜展或直立。叶片宽卵形至宽椭圆形，长3～30厘米，宽2～21厘米，先端尖，边缘波状，疏生不规则牙齿或近全缘，两面被短柔毛或近无毛，叶脉3～7条。叶柄长1～26厘米，基部鞘状，通常被毛。

花　穗状花序，细圆柱状，长5～20厘米，基部常间断，花序梗直立或弓曲上升，长3～18厘米，有纵条纹，被短柔毛或柔毛。苞片宽卵状三角形，长0.1～0.2厘米。花无梗，花萼长约0.2厘米。花冠白色，无毛，冠筒等于或略长于萼片，裂片披针形至狭卵形。

　　果实　蒴果，近球形或宽椭圆球形，长0.2～0.3厘米，于中下部周裂，种子8～20粒或更多。

　　种子　黄褐色，椭圆形或菱形，长0.1～0.2厘米，具角，腹面近平坦。

【近似种识别要点】

平车前	具圆柱状主根
车前	须根多条，种子5～6粒，花具短梗
大车前	须根多条，种子8～20粒或更多，花无梗

唇 形 科
Labiatae

夏至草 *Lagopsis supina* (Steph.) Ik.–Gal. ex Knorr.

【别名】白花夏枯草、灯笼棵。

【英文名称】Whiteflower Lagopsis

【生物学特性及危害】多年生草本，种子当年萌发，第二年开花结果，花果期3～6月。常在菜园、田边生长。局部地区果园、林地危害严重，种子繁殖。

【形态特征】

　　根　主根圆锥形。

　　茎　株高15～40厘米，茎常在基部多分枝，四棱形，具沟槽，带紫红色，密被微柔毛。

　　叶　叶直径1.5～2.5厘米，先端圆形，基部心形，三深裂，裂片具齿，正面疏生微柔毛，背面沿脉上被长柔毛，其余部分具腺点。叶脉掌状，3～5条。叶柄扁平，上面微具沟槽。基生叶叶柄长2～3厘米，上部叶柄较下部叶柄短。

花 轮伞花序，组成稀疏、伸长的穗状花序，枝条上部较密集，下部疏松。花冠白色，冠檐二唇形；上唇比下唇长，直伸，长圆形，全缘；下唇斜展，3浅裂。

果实 小坚果，褐色，长卵状三棱形，长约0.15厘米。

【幼苗】整株除子叶外均被稀疏短毛。子叶近圆形，长约0.6厘米，先端微凹，基部心形，有柄。初生叶2片，对生，近圆形，先端圆，基部心形，边缘有疏钝齿，叶脉明显，具长柄。

益母草 *Leonurus artemisia* (Lour.) S. Y. Hu

【别名】益母蒿、红花艾、野芝麻、九塔花。

【英文名称】Wormwoodlike Motherwort

【生物学特性及危害】一二年生草本，花果期6～10月。为地边、苇田及果园常见杂草，危害较轻，种子繁殖。

【形态特征】

茎 株高30～120厘米，直立，具分枝，钝四棱形，有倒向糙伏毛，在节及棱上尤为密集，基部有时近于无毛。

叶 茎下部叶轮廓为卵形，基部宽楔形，叶脉突出稍下陷，被毛，掌状3裂，裂片呈长圆状菱形至卵圆形，长2.5～6厘米，宽1.5～4厘米，裂片上再分裂，叶柄纤细，长2～3厘米。茎中部叶轮廓为菱形，较小，基部狭楔形，通常分裂成3个或多个长圆状线形的裂片，叶柄长0.5～2厘米。

花 轮伞花序，腋生，圆球形，直径2～2.5厘米，具8～15朵花，多数远离而组成长穗状花序，无花梗。苞叶几乎无柄，线形或线状披针形，全缘或具稀少小齿。花萼不明显二唇形，前2齿不开展。花冠筒近等粗，花冠粉红至淡紫红色，长1～1.2厘米；冠檐二唇形，上唇直伸，内凹，长圆形，长约0.7厘米，宽约0.4厘米，全缘；下唇略短于上唇，近于直伸，3裂，中裂片明显较侧裂片大。

果实 小坚果，淡褐色，长圆状三棱形，长约0.3厘米，顶端截平，基部楔形，光滑。

【幼苗】除子叶外全株被白色短毛。子叶近圆形，长约0.7厘米，先端微凹，基部心形，有柄。初生叶2片，椭圆形，先端钝，基部心形，边缘有钝齿，叶脉明显，有柄。

地笋 *Lycopus lucidus* Turcz.

【别名】地参、地瓜儿苗、提娄。

【英文名称】Shiny Bugleweed

【生物学特性及危害】多年生草本，花果期6～11月。一般性湿生杂草，偶尔侵入稻田、芦苇田等，以根状茎繁殖为主，也可以种子繁殖。

【形态特征】

　　茎　　株高50～170厘米。根状茎横走，有节，先端肥大呈圆柱形，节上生有鳞叶及须根。茎直立，通常不分枝，绿色，常于节上略带紫红色，四棱形，具槽，无毛或在节上疏生小硬毛。

　　叶　　长圆状披针形，略弧弯，长4～8厘米，宽1～2.5厘米，先端渐尖，基部渐狭，两面或仅正面具光泽，亮绿色，边缘锯齿状，两面均无毛，背面具凹陷的腺点。侧脉6～7对，叶柄极短或近无柄。

　　花　　轮伞花序，圆球形，直径1.2～1.5厘米，多花密集，无花序梗。小苞片卵圆形至披针形，先端刺尖。花萼钟形，长约0.3厘米，萼齿5，披针状三角形，先端刺尖。花冠白色，长约0.5厘米，冠檐不明显二唇形，上唇近圆形，下唇3裂，中裂片较大。

　　果实　　小坚果，褐色，倒卵圆状四边形，基部略狭，长约0.15厘米，边缘加厚，背面平，腹面具棱，短于花萼。

野薄荷 *Mentha haplocalyx* Briq.

【别名】薄荷、香芦草、兰香草、山薄荷。

【英文名称】Wild Mint

【生物学特性及危害】多年生草本，花果期7～10月。为湿地常见杂草，危害较轻，根状地下茎及种子繁殖。

【形态特征】

茎　株高30～60厘米，茎上部直立，锐四棱形，具四槽，被微柔毛，多分枝，下部数节有纤细的不定根及水平匍匐根状地下茎。

叶　椭圆形至披针形，长3～6厘米，宽1～3厘米，先端锐尖，基部楔形至近圆形，边缘在基部以上疏生粗大的锯齿。侧脉约5～6对，通常沿脉上密生微柔毛。叶柄长0.2～1厘米，腹凹背凸，被微柔毛。

花　轮伞花序，腋生，球形，直径约1.8厘米，有梗或无梗。花萼内面无毛，萼齿5，被微柔毛。花冠淡紫，内面在喉部以下被微柔毛，冠檐4裂，上裂片先端2裂，较大，其余3裂片近等大，长圆形，先端钝。

果实　小坚果，黄褐色，卵球形。

【幼苗】子叶倒肾形，长约0.3厘米，宽约0.4厘米，先端微凹，基部圆形，全缘，具长柄。初生叶2片，阔卵形，先端尖，基部楔形，全缘，具长柄。后生叶叶缘微波状或具粗锯齿，有羽状网脉。

荔枝草 *Salvia plebeia* R. Br.

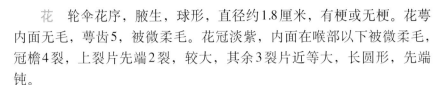

【别名】雪见草、癞蛤蟆草、青蛙草、皱皮草。

【英文名称】Common Sage

【生物学特性及危害】一二年生草本，花果期4～7月。夏收作物田及果园常见杂草，危害较轻，种子繁殖。

【形态特征】

根　主根肥厚，向下直伸，有多数须根。

茎　株高15～100厘米，茎直立，粗壮，多分枝，有稀疏灰白色柔毛。

叶　卵圆形或椭圆状披针形，长2～6厘米，宽0.8～2.5厘米，基部圆形或楔形，边缘具齿，被毛，其他部分散布黄褐色腺点。叶柄长0.5～1.5厘米，腹凹背凸，密被疏柔毛。

花　轮伞花序，多数，在茎枝顶端密集组成总状或总状圆锥花序，花序长10～25厘米，花序轴被疏

柔毛。花冠淡红色至蓝紫色，极少数白色，长0.5厘米。花梗长约0.1厘米，被疏柔毛。

果实 小坚果，倒卵圆形，直径不足0.1厘米，光滑。

【幼苗】子叶阔卵形，长宽约0.2厘米，先端钝圆，基部圆形，具短柄。初生叶对生，阔卵形，叶缘微波状，表面微皱，叶脉羽状。后生叶椭圆形，表面微皱，叶缘波状。

酢 浆 草 科

Oxalidaceae

酢浆草 *Oxalis corniculata* L.

【别名】酸浆草、酸酸草、酸咪咪。

【英文名称】Creeping Woodsorrel

【生物学特性及危害】一年生草本，花果期5～10月。旱作田杂草，多生于蔬菜田、苗圃、果园等，危害较轻，种子繁殖。

【形态特征】

茎　株高10～35厘米。茎细弱，匍匐或直立，多分枝，匍匐茎节上有不定根。

叶　基生或在茎上互生，三出复叶。小叶倒心形，长0.5～1.2厘米，宽0.4～2厘米，先端凹入，心形，基部宽楔形，被毛。叶柄长1～10厘米，基部具关节。托叶小，长圆形或卵形，边缘密被长柔毛，基部与叶柄合生。

花　单生或数朵聚集为伞形花序，腋生。总花梗淡红色，与叶近等长。萼片5个，披针形或长圆状披针形，顶端急尖，被柔毛，宿存。花直径小于1厘米，花瓣5片，黄色，长圆状倒卵形。

果实　蒴果，长圆柱形，5棱，长1～2厘米，被短柔毛。

种子　褐色或红棕色，长卵形，长0.1～0.15厘米，具横向网纹。

【幼苗】子叶椭圆形，先端圆，基部宽楔形，无毛，有短柄。初生真叶1片，三出复叶，小叶倒心形，叶柄淡红色，叶柄及叶缘均有白色长柔毛。

红花酢浆草 *Oxalis corymbosa* DC.

【别名】铜锤草、大酸味草、红三叶草。

【英文名称】Corymb Woodsorrel, Pink Woodsorrel

【生物学特性及危害】多年生直立无茎草本，花果期6～10月。主要为观赏栽培，有的逸生为农田杂草，危害较轻，鳞茎及种子繁殖。

【形态特征】

茎   株高20～35厘米。没有地上茎，地下有球状鳞茎。

叶   基生，三出复叶。小叶扁圆状倒心形，长1～4厘米，宽1.5～6厘米，先端凹入，心形，基部宽楔形，通常两面或边缘具黑色的小腺点，被疏毛。叶柄长5～30厘米，被毛。托叶长圆形，顶部尖，与叶柄基部合生。

花   伞形花序，总花梗基生，与叶等长或稍长，被毛。花梗长1～2.5厘米，每花梗有披针形干膜质苞片2枚。萼片5，披针形，长约0.5～0.7厘米，顶端具2个黄色或红色的小腺体。花直径小于2厘米，花瓣5，狭倒卵形，淡紫色至紫红色，基部颜色较深。花梗、苞片、萼片均被毛。

果实   蒴果，角果状短条形，长1.5～2厘米，有毛。

【幼苗】 子叶卵圆形。初生真叶1片，三出复叶，小叶倒心形，先端凹缺。

【近似种识别要点】

酢浆草	花黄色
红花酢浆草	花淡紫色至紫红色

大 戟 科

Euphorbiaceae

铁苋菜 *Acalypha australis* L.

【别名】 海蚌含珠、榎草、小耳朵草。

【英文名称】 Copperleaf

【生物学特性及危害】 一年生草本，花果期7～10月。玉米、棉花、大豆、甘薯等秋熟旱作物田及蔬菜田的重要杂草，部分地块危害严重，

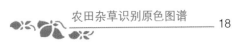

种子繁殖。

【形态特征】

　茎　株高20～60厘米，茎直立，有分枝，小枝细长。

　叶　叶互生，长卵形、近菱状卵形或阔披针形，长3～8厘米，宽1～5厘米，先端渐尖，基部多数楔形，边缘具圆锯齿，正面无毛，背面沿中脉具柔毛。基部3出脉，有侧脉3对。叶柄长1～5厘米，具短柔毛。托叶披针形，长约0.2厘米，具短柔毛。

　花　花序腋生，少数顶生，花单性，雌雄同序。雌花子房3室，生于花序下端的叶状苞片内，苞片三角状卵形至肾形，长约1厘米，靠合时如蚌，边缘有锯齿。雄花多数生于花序上端，花萼4裂，红色或红褐色。

果实 蒴果，直径约0.4厘米，有3个分果爿，果皮有疏生毛和小瘤体。

种子 近卵形，长约0.2厘米，光滑。

【幼苗】子叶长圆形，先端平截，基部近圆形，三出脉，具长柄。初生叶2片，对生，卵形，先端锐尖，基部近圆形，叶缘有钝齿，具长柄。

泽漆 *Euphorbia helioscopia* L.

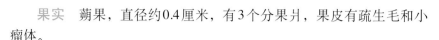

【别名】乳腺草、猫儿眼、五朵云。

【英文名称】Sunn Euphorbia

【生物学特性及危害】一年或二年生草木，花果期4～7月。农田常见杂草，主要危害小麦、棉花、蔬菜及果树，小麦田局部地块危害严重，种子繁殖。

【形态特征】

茎 株高10～40厘米，茎直立，大部分自基部多分枝，分枝斜展向上，光滑无毛。

叶 互生，倒卵形或匙形，长1～3厘米，宽0.5～1.5厘米，先端具齿，中部以下逐渐变窄或呈楔形。

花 总苞叶5枚轮生，比茎生叶略大。多歧聚伞花序，顶生，具5个伞梗，每伞梗分为2～3小伞梗，每个小伞梗分成两叉。总苞钟形，顶端4浅裂，裂片间具4个盘状的腺体，腺体无附属物。花单性，雌花子房3室。

果实 蒴果，三棱状阔圆形，直径0.3～0.5厘米，具明显的三纵沟，光滑无毛，成熟时分裂为3个分果爿。

种子 暗褐色，卵形，直径约0.2厘米，表面具突起的网纹。

【幼苗】全株光滑无毛，含乳白色汁液。子叶椭圆形，长约0.6厘米，宽约0.3厘米，先端钝圆，基部近圆形，全缘，具短柄。初生真叶对生，倒卵形，先端钝，具小突尖，上半部叶缘有小锯齿，具长柄。后生真叶互生，与初生真叶相似。

地锦 *Euphorbia humifusa* Willd. ex Schlecht.

【别名】地面草、红丝草、花被单。

【英文名称】Humifuse Euphorbia

【生物学特性及危害】一年生矮小草本，花果期6～9月。生于田间、路边、荒地，是北方农田常见杂草，危害较轻，种子繁殖。

【形态特征】

茎　茎纤细，带红紫色，基部多分枝，匍匐或偶尔斜升，长10～25厘米，节与节间明显，无毛或被少许柔毛。

叶　对生，近椭圆形，长0.4～1厘米，宽0.3～0.6厘米，先端圆，基部极偏斜，边缘全缘或仅顶部具稀疏的齿，两面被柔毛或近无毛。叶柄极短，托叶钻状。

花　花序单生于叶腋，近无柄或具短柄。杯状花序单生于叶腋；总苞倒圆锥形，浅红色或紫红色，顶端4裂，裂片长三角形，裂片间具4个腺体，长圆形，具白色花瓣状附属物。子房3室。

果实　蒴果，三棱状卵球形，直径约0.2厘米，被柔毛，成熟时分裂为3个分果爿。

种子　黑褐色，卵形，直径约0.1厘米。

【幼苗】幼苗平卧地面，茎红色，折断后有乳白色汁液。子叶长圆形，长约0.3厘米，先端钝圆，基部楔形，具短柄，无毛。初生叶2片，与子叶交互对生，倒卵状椭圆形，光滑，先端叶缘具细锯齿，有柄。

豆　科

Leguminosae

野大豆 *Glycine soja* Sieb. et Zucc.

【别名】劳豆、野豆子、野黄豆。

【英文名称】Wild Groundnut

【生物学特性及危害】一年生缠绕草本，花果期6～10月。生于湖边、灌木丛、果园、旱地等，芦苇田危害严重，种子繁殖。

【形态特征】

茎　缠绕，长1～4米，纤细，全株被有黄褐色长硬毛。

叶　三出复叶，两面被毛。顶生小叶卵状披针形，长3～5厘米，先端尖，基部近圆形，全缘，侧生小叶斜卵状披针形。托叶卵状披针形，有毛。

花　总状花序，腋生，短于叶。花梗密生黄色长硬毛。萼钟状，萼齿5，三角状披针形，有黄色硬毛。花冠蝶形，紫红色或白色，长0.5～0.7厘米。

果实　荚果，长圆形，两侧稍扁，长约1.7～2.3厘米，密生黄色长硬毛，种子2～3粒。

种子　黑色，近椭圆形，稍扁，长0.2～0.4厘米。

狭叶米口袋 *Gueldenstaedtia stenophylla* Bunge

【英文名称】Narrow-leaf Gueldenstaedtia

【生物学特性及危害】多年生草本，花果期4～6月。生于向阳的山坡、草地等处，发生较少，危害很轻，自根茎萌生或种子繁殖。

【形态特征】

茎　分枝茎较短缩，被毛。

叶　叶丛生，奇数羽状复叶，长2～15厘米，小叶7～19片，小叶长椭圆形或线形，长0.2～3厘米，宽0.1～0.6厘米，顶端具细尖，两面被柔毛。叶柄约为叶长的2/5，托叶三角形，被稀疏长柔毛。

花　伞形花序，2～4朵花，总花梗长3～10厘米，被白色疏柔毛。花几乎无梗，苞片及小苞片披针形，密被长柔毛。萼钟状，长0.3～0.45厘米，萼齿5个。花冠粉红色，旗瓣近圆形，长0.5～0.8厘米；翼瓣窄楔形，具斜截头，长约0.7厘米；龙骨瓣长约0.5厘米，被疏柔毛。

果实　圆筒形，长1.4～1.8厘米。

种子　肾形，直径约0.15厘米，有凹点。

紫苜蓿 *Medicago sativa* L.

【别名】紫花苜蓿、苜蓿。

【英文名称】Alfalfa

【生物学特性及危害】多年生草本，花果期5～8月。栽培植物，有时逸生为杂草危害农作物，种子繁殖。

【形态特征】

根　粗壮，根系发达。

茎　株高30～100厘米。茎丛生，直立，多分枝，四棱形，无毛或微被柔毛。

叶　羽状三出复叶，叶柄比小叶短。托叶大，卵状披针形，先端锐尖，基部全缘或具1～2齿裂。小叶长卵形至线状卵形，长0.5～4厘米，宽0.3～1厘米，先端钝圆，具由中脉伸出的长齿尖，基部狭窄，楔形，边缘1/3以上具锯齿，正面无毛，背面被柔毛。

花　总状或头状花序腋生，长1～3厘米，花5～30朵。总花梗挺直，长于叶。花萼钟形，裂片5，萼齿线状锥形，比萼筒长，具柔毛。花冠颜色多变，紫色为主。

果实　荚果，成熟时棕色，螺旋状紧卷2～6圈，中央无孔或近无孔，直径0.5～0.9厘米，有种子10～20粒。

种子　黄色或棕色，卵形，长0.1～0.25厘米，平滑。

【幼苗】子叶椭圆形，长约0.5厘米，光滑无毛，具短柄。初生叶1片，近圆形，先端有一小突尖，基部心形，叶柄与叶片近等长，托叶披针形。第二真叶为三出复叶。

白花草木犀 *Melilotus albus* Desr.

【别名】白香草木犀。

【英文名称】White Sweetclover

【生物学特性及危害】一二年生草本，花果期6～9月。适生于湿润及半干旱气候，危害较轻，种子繁殖。

【形态特征】

茎　株高1～2米，茎直立，多分枝。

叶　羽状三出复叶，小叶长圆形或倒卵状长圆形，长2～3.5厘米，宽0.5～1.2厘米，边缘疏生浅锯齿。托叶尖刺形，长约0.8厘米，先端尖，基部宽，全缘。

花　总状花序，腋生，花多数。花萼钟状，具柔毛。花冠白色，长约0.5厘米，旗瓣椭圆形，长于翼瓣，翼瓣略长于龙骨瓣或等长。

果实　荚果，灰棕色，长圆形，先端锐尖，长约0.4厘米，光滑，具凸起的网状脉。

种子　褐黄色，卵形。

草木犀 *Melilotus officinalis* (L.) Pall.

【别名】黄香草木犀、香马料、野草木犀。

【英文名称】Yellow Sweetclover

【生物学特性及危害】二年生草本，花果期5～10月。多为绿化栽培，有时逸生到作物田危害，危害较轻，种子繁殖。

【形态特征】

茎　株高40～250厘米，茎直立，具纵棱，分枝多。

叶　羽状三出复叶，小叶阔卵形至线形，长1.5～3厘米，宽0.5～1.5厘米，先端钝圆，边缘具不整齐疏浅齿，正面无毛，粗糙，背面散生短柔毛。托叶镰状线形，长0.3～0.7厘米，中央有1条脉纹，全缘或基部有1尖齿。

花　总状花序，腋生，长6～15厘米，花多数。花萼钟状，萼齿5个。花长0.3～0.7厘米，花冠黄色。

果实　荚果，棕黑色，卵形，先端圆钝，长0.3～0.5厘米，先端具宿存花柱，表面具网纹，有种子1～2粒。

种子　黄褐色，卵形，长约0.25厘米。

【幼苗】子叶椭圆形，长约0.7厘米，宽约0.4厘米，具短柄。初生叶1片，近圆形，先端略窄，有小尖突，中脉明显，具长柄。后生叶为

三出羽状复叶，小叶倒阔卵形，具长柄。

【近似种识别要点】

草木犀	花黄色
白花草木犀	花白色

含羞草 *Mimosa pudica* L.

【别名】知羞草、怕羞草。

【英文名称】Sensitive Plant

【生物学特性及危害】多年生亚灌木状草本，花果期6～10月。秋作物田及果园杂草，危害很轻，种子繁殖。

【形态特征】

茎 株高可达1米，茎圆柱状，具分枝，有散生而下弯的钩刺及倒生刺毛。

叶 羽状复叶，羽片通常2对，掌状排列，小叶10～20对，线状长圆形，长0.8～1.3厘米，宽0.2～0.3厘米，先端急尖，边缘具刚毛。触摸时，羽片及小叶闭合，叶柄下垂，因而得名。

花 头状花序，圆球形，直径约1厘米，具长总花梗，单生或2～3个生于叶腋。花小，淡红色，雄蕊4枚。

果实 荚果，长圆形，扁平，长1～2厘米，宽约0.5厘米，稍弯曲，荚缘具刺毛。

种子 卵形，长约0.35厘米。

【幼苗】子叶近方形，稍肥厚，先端微凹，基部略呈箭形，具短柄。初生叶1片，偶数羽状复叶，小叶3对。

红车轴草 *Trifolium pratense* L.

【别名】红三叶、红荷兰翘摇。

【英文名称】Red Clover

【生物学特性及危害】多年生草本，花果期7～9月。主要为绿化栽培，少量逸生为果园、旱作物田杂草，危害很轻，以匍匐茎和种子繁殖。

【形态特征】

根 主根发达，可深入土层达1米以上。

茎 株高20～50厘米，茎粗壮，直立或斜升，具纵棱，疏生柔毛或无毛。

叶 掌状三出复叶，叶柄较长，茎上部的叶柄短，小叶卵状椭圆形至卵形，长2～4厘米，宽1～2厘米，先端钝，叶面上常有V形白斑。小叶柄短，长约0.15厘米。托叶近卵形，膜质，基部抱茎，先端具锥刺状尖头。

花 花序球状或卵状，具花30～70朵，密集，无苞片，无总花梗。花长1.2～1.8厘米，花梗很短。花萼钟形，被长柔毛，萼齿丝状，锥尖，比萼筒长，最下方1齿比其余萼齿长1倍，喉部具一多毛的加厚环。花冠紫红色至淡红色。

　　果实　荚果，卵形，通常有1粒种子。

　　种子　近扁圆形，黄褐色。

白车轴草 *Trifolium repens* L.

【别名】白三叶、白花苜蓿。

【英文名称】White Clover

【生物学特性及危害】多年生草本，花果期7～9月。主要为绿化栽培，少量逸生为杂草，危害很轻，以匍匐茎和种子繁殖。

【形态特征】

　茎　　株高10～30厘米，茎匍匐蔓生，上部稍上升，节上可生不定根，全株无毛。

　叶　　掌状三出复叶，叶柄长10～30厘米，小叶倒卵形至近圆形，长1～2.5厘米，宽1～2厘米，先端凹头至钝圆，基部楔形，小叶柄短，微被柔毛。托叶卵状披针形，膜质，基部抱茎成鞘状，先端锐尖。

　花　　花序球形，直径2～4厘米，花多数，密集。总花梗比叶柄长近1倍。苞片披针形，膜质，锥尖。花长0.7～1.2厘米，花梗比花萼稍长或等长，花萼钟形，具脉纹10条，萼齿5，披针形，近等长，短于萼筒。花冠白色、乳黄色或淡红色，旗瓣椭圆形，比翼瓣和龙骨瓣长近1倍。花梗比花萼稍长或等长。

　果实　　荚果，长圆形，通常有3粒种子。

　种子　　阔卵形，黄褐色，直径约0.15厘米。

【幼苗】全株光滑无毛。子叶宽椭圆形，长约0.4厘米，基部近圆形，有叶柄。初生叶1片，近圆形，先端微凹，基部截形，边缘具齿。后生叶为三出掌状复叶，小叶倒卵形，全缘。

【近似种识别要点】

红车轴草	花紫红色至淡红色
白车轴草	花白色

大花野豌豆 *Vicia bungei* Ohwi

【别名】三齿萼野豌豆、野豌豆、三齿草藤。

【英文名称】Bunge Vetch

【生物学特性及危害】一二年生缠绕或匍匐草本，花果期4～8月。危害小麦、棉花、蔬菜、果树等，危害较轻，种子繁殖。

【形态特征】

茎 株高15～40厘米，茎细弱，有棱，多分枝。

叶 偶数羽状复叶，小叶3～5对，长圆形，长1～2.5厘米，宽0.3～0.8厘米，先端平截或微凹，正面叶脉不甚清晰，背面叶脉明显且被疏柔毛。顶端卷须有分枝，托叶半箭头形，长0.3～0.7厘米，有锯齿。

花 总状花序，长于叶或与叶轴近等长，花2～4朵，长1.5～2.5厘米，着生于花序轴顶端，总花梗长。花萼钟形，萼齿5。花冠红紫色或蓝紫色，旗瓣倒卵状披针形，翼瓣短于旗瓣，长于龙骨瓣。

果实 荚果，扁长圆形，长3～4厘米，宽约0.7厘米，种子2～8枚。

种子 球形，深褐色，直径约0.3厘米。

大巢菜 *Vicia sativa* L.

【别名】救荒野豌豆。

【英文名称】Common Vetch

【生物学特性及危害】一二年生攀援草质藤本，花果期6～9月。生于草地、路旁、灌木林下及麦田等作物田中，危害较轻，种子繁殖。

【形态特征】

茎 株高30～90厘米，单一或多分枝，具棱，微被短柔毛。

叶 偶数羽状复叶，顶端卷须具分枝。小叶2～7对，椭圆形或倒卵形，长1～2厘米，先端截形或稍凹，有细尖，基部楔形，两面有短柔毛；托叶戟形，通常具2～4裂齿。

花 1～2朵生于叶腋，长1.8～3厘米。花梗短，疏被短毛。萼钟形，萼齿5，披针形或锥形，外面被柔毛。花冠蝶形，紫红色。

果实 荚果，条形，扁平，长2～4厘米，成熟后呈黄色，种子6～8粒。

种子 棕色或深褐色，球形，直径约0.4厘米。

【幼苗】子叶不出土，初生叶鳞片状。幼苗主茎上的叶为1对小叶，小叶倒卵形，全缘，顶端具一小尖头或卷须。侧枝上的叶为羽状复叶，小叶先端钝圆或平截，具小尖头。

【近似种识别要点】

大巢菜	花梗短，花1～2朵生于叶腋
大花野豌豆	总状花序长于叶或与叶轴近等长，花2～4朵

禾 本 科

Gramineae

节节麦 *Aegilops tauschii* Coss.

【英文名称】Goat Grass

【生物学特性及危害】一二年生草本，花果期4～6月。为麦田恶性杂草，部分地区发生重，种子繁殖。

【形态特征】

根　须根，细弱。

茎　株高30～80厘米。秆丛生，基部弯曲。

叶　叶片宽约0.5厘米，微粗糙，正面有稀疏柔毛。叶鞘紧密包茎，平滑无毛，边缘具纤毛。叶舌薄膜质，长约0.1厘米。

花　穗状花序，穗轴粗壮，具凹陷，小穗镶嵌于凹陷内，形成圆柱形花序，含5～13个小穗，成熟时逐节脱落。小穗长约0.9厘米，含2～4小花，颖背部平坦，顶端截平或有2齿，其齿均为钝圆突头，齿下不收缩。芒长约1厘米，穗顶部芒较长。

果实　颖果，暗黄褐色，椭圆形至长椭圆形，长约0.6厘米，宽约0.3厘米，无光泽。

看麦娘 *Alopecurus aequalis* Sobol.

【别名】麦娘娘、棒槌草。

【英文名称】Equal Alopecurus

【生物学特性及危害】一二年生草本，花果期4～8月。麦田杂草，部分地块发生重，种子繁殖。

【形态特征】

茎　株高20～45厘米，茎丛生，细瘦，光滑，节处常膝曲。

叶　叶片扁平，宽0.2～0.6厘米。叶鞘光滑，短于节间，叶舌膜质。

花　圆锥花序，圆柱状，灰绿色，长2～7厘米，宽0.3～0.6厘米。小穗椭圆形或卵状长圆形，长0.2～0.3厘米，芒长0.2～0.3厘米，隐藏或略伸出颖外，花药橙黄色。

果实　颖果，长约0.1厘米。

【幼苗】第一片叶线状，宽不足0.1厘米，绿色，无毛，先端钝。第二、三片叶线形，先端尖锐，长1.8～2.5厘米，宽约0.1厘米，叶舌薄膜质。

日本看麦娘 *Alopecurus japonicus* Steud.

【英文名称】Japanese Alopecurus

【生物学特性及危害】一二年生草本，花果期3～6月。麦田恶性杂草，部分地区发生重，种子繁殖。

【形态特征】

茎　株高30～80厘米，秆丛生，3～4节，无毛。

叶　叶片宽0.3～0.7厘米，正面粗糙，背面光滑。叶鞘松弛，叶舌膜质。

花　圆锥花序，圆柱状，长4～11厘米，宽0.4～1厘米。小穗长圆状卵形，长0.5～0.6厘米，芒长0.7～1.2厘米，近稃体基部伸出，花药色淡或白色。

果实　颖果，半椭圆形，长约0.2厘米。

【幼苗】第一片叶条形，宽约0.1厘米，先端急尖，有3条平行脉，叶缘有倒向刺毛；叶鞘无色，叶片与叶鞘均无毛；叶舌膜质，三角形，先端呈齿裂。

【近似种识别要点】

看麦娘	圆锥花序较小，花药橙黄色；芒长0.2～0.3厘米，隐藏或稍外露
日本看麦娘	圆锥花序较大，花药色淡或白色；芒长0.7～1.2厘米，显著外露

野燕麦 *Avena fatua* L.

【别名】铃铛麦、燕麦草、香麦。

【英文名称】Wild Oat

【生物学特性及危害】一年生草本，花果期4～9月。麦田、燕麦田、亚麻田恶性杂草，部分地区发生重，种子繁殖。

【形态特征】

根　须根，较坚韧。

茎　株高50～130厘米，秆丛生或单生，直立，具2～4节，光滑无毛。

叶　　叶片扁平，长10～30厘米，宽0.4～1.2厘米，微粗糙或正面和边缘疏生柔毛。叶鞘松弛，叶舌透明膜质，长0.1～0.4厘米。

花　　圆锥花序，开展，长10～25厘米，分枝具棱角。小穗长1.8～2.5厘米，含2～3小花，小穗柄弯曲下垂，小穗轴密生淡棕色或白色硬毛，其节脆易断落，第一节间长约0.3厘米。外稃质坚硬，第一外稃长1.5～2厘米，被硬毛，顶端浅裂成两齿，裂片长不超过0.3厘米，芒自稃体中部稍下处伸出，长2～4厘米。

果实　　颖果，纺锤形，长0.6～0.8厘米，腹面具纵沟。

【幼苗】叶片初生时卷成筒状，展开后细长，扁平，略扭曲，两面及叶缘、叶鞘均有柔毛。叶舌透明膜质，较短，先端不规则齿裂。

菵草 *Beckmannia syzigachne* (Steud.) Fern.

【别名】水稗子、老头稗。

【英文名称】American Sloughgrass

【生物学特性及危害】一年生草本，花果期4~10月。适生于水边及潮湿处，麦田、蔬菜等农田杂草，部分地块发生重，种子繁殖。

【形态特征】

茎　株高15～80厘米，秆丛生，直立或略倾斜，具2～4节。

叶　叶片扁平，长7～18厘米，宽0.3～0.8厘米。叶鞘无毛，多长于节间。叶舌透明膜质，长0.4～0.6厘米。

花　圆锥花序狭窄，长10～30厘米，分枝稀疏。小穗灰绿色，长0.5～0.9厘米，含1朵小花。

果实　颖果，黄褐色，近扁圆形，长约0.2厘米，先端具丛生短毛。

【幼苗】第一片叶带状披针形，先端尖锐，具3条直出平行脉；叶鞘紫红色，具3条脉；叶舌膜质，白色，顶端常2深裂；无叶耳。第二片叶具5条直出平行脉，叶舌三角形。

雀麦 *Bromus japonica* Thumb. ex Murr.

【英文名称】Japanese Bromegrass

【生物学特性及危害】一二年生草本，花果期5～7月。麦田恶性杂草，部分地块发生重，种子繁殖。

【形态特征】

茎　株高40～100厘米，秆丛生，直立或略倾斜。

叶　叶片长8～30厘米，宽0.3～0.8厘米，两面或仅正面有白色柔毛。叶鞘闭合，被柔毛。叶舌透明膜质，长约0.2厘米。

花　圆锥花序，疏展，长20～30厘米，具2～8分枝，向下弯垂。分枝细，长可达10厘米，上部着生1～5枚小穗。小穗向上变窄，长圆状披针形，黄绿色，成熟后压扁，长1.2～2厘米，宽约0.5厘米，密生7～12朵小花。外稃椭圆形，长0.8～1厘米，具7～9脉，顶端具2个小齿，齿下0.2～0.3厘米处生1芒，芒长0.5～1厘米，基部稍扁平，成熟后外弯，内稃明显短于外稃。

果实　颖果，暗红褐色，扁平，长0.5～0.8厘米。

【幼苗】幼苗细弱，整株被白色长柔毛。胚芽鞘淡绿色或淡紫红色，长约0.15厘米，后皱缩干枯。叶片狭线形，宽约0.15厘米，常扭曲；叶鞘闭合；叶舌膜质透明，顶端不规则齿裂。

虎尾草 *Chloris virgata* Sw.

【别名】棒槌草、刷子头、盘草。

【英文名称】Showy Chloris

【生物学特性及危害】一年生草本，花果期6～10月。旱作物田常见杂草，种子繁殖。

【形态特征】

茎　株高20～75厘米，秆丛生，直立或基部膝曲，光滑无毛。

叶　叶片条形，宽0.4～0.6厘米，无毛。叶鞘松弛，背部具脊，无毛。叶舌长约0.1厘米，无毛或具微纤毛。

花　穗状花序，长1.5～5厘米，簇生于秆顶，常直立而并拢呈毛刷状，成熟时常略带紫色。小穗长约0.3厘米，无柄，排列于穗轴的一侧，含2朵小花。第一小花两性，外稃具3脉，二边脉密生长柔毛，外稃顶端以下生芒，芒长0.4～1厘米。第二小花不孕，仅存外稃，顶端截平或略凹，芒自背部边缘稍下方伸出，长0.4～0.8厘米。

果实　颖果，淡黄色，纺锤形，光滑无毛。

【幼苗】幼苗铺散。第一片叶长0.6～0.8厘米，背面多毛，叶鞘边缘膜质，有毛，叶舌极短。

狗牙根 *Cynodon dactylon* (L.) Pers.

【别名】绊根草、爬根草。

【英文名称】Bermudagrass

【生物学特性及危害】多年生草本，花果期5～10月。经营粗放的果园和农田受害重，以根状地下茎、匍匐茎繁殖为主，根状地下茎和匍匐茎着土即可生根复活，防除难度大。

【形态特征】

茎　低矮草本，具根状地下茎，节间长短不等。茎细而坚韧，茎下部平卧，长可达1米，节上常生不定根；直立部分高10～30厘米，光滑无毛。

叶　叶片条形，长3～12厘米，宽0.1～0.3厘米，无毛。叶鞘微具脊，鞘口常具柔毛，叶舌仅为一轮纤毛。

花　穗状花序长2～6厘米，2～6枚指状排列于茎顶。小穗灰绿色或带紫色，长约0.2厘米，仅含1小花。

果实　颖果，淡棕色或褐色，长圆柱形，长约0.1厘米。

【幼苗】第一片叶带状，先端急尖，有5条直出平行脉；叶鞘紫红色；叶舌膜质，环状，顶端细齿裂。第二片叶线状披针形，有9条直出平行脉。

马唐 *Digitaria sanguinalis* (L.) Scop.

【别名】抓地草、大抓根草、鸡爪草。

【英文名称】Common Crabgrass

【生物学特性及危害】一年生草本，花果期6～10月。秋熟旱作物田恶性杂草，种子繁殖。

【形态特征】

茎　株高30～80厘米。秆丛生，膝曲上升，无毛或节上有柔毛。

叶　叶片条状披针形，具柔毛或无毛。叶鞘短于节间，无毛或散生柔毛。叶舌膜质，长0.1～0.3厘米。

花　总状花序，长5～15厘米，4～10枚成指状着生于长1～2厘米的主轴上，穗轴扁平，两侧具宽翼。小穗孪生，同型，椭圆状披针形，长约0.3厘米，第一颖微小，三角形，第二颖长为小穗的1/3～2/3。第一外稃具7脉，侧脉上部具微小齿。

果实　带稃颖果，淡黄色或灰白色，椭圆形，长约0.3厘米。

【幼苗】全株密被柔毛。胚芽鞘膜质、阔披针形，长约0.3厘米。第一片叶宽约0.2～0.3厘米，边缘具长睫毛；叶舌狭窄环状，顶端齿裂。其他叶长宽约0.3厘米，有多条叶脉。

长芒稗 *Echinochloa caudata* Roshev.

【英文名称】Longawn Barnyardgrass

【生物学特性及危害】一年生草本，花果期夏秋季。生于水边、湿地、水稻田，危害较轻，种子繁殖。

【形态特征】

茎　株高1～2米，茎秆直立，植株基部常向外开展。

叶　叶片条形，长15～40厘米，宽0.8～2厘米，无毛，边缘粗糙。叶鞘无毛或有毛，无叶舌。

花　圆锥花序柔软，稍下垂，长10～25厘米，宽1.5～4厘米。主轴粗糙，具棱，分枝密集，常再分小枝。小穗卵状椭圆形，常带紫色，长0.3～0.4厘米。第一颖三角形，长为小穗的1/3～2/5；第二颖与小穗等长。第一至二外稃草质，第一外稃顶端具长芒，芒长1.5～5厘米。

果实　颖果，乳白色至棕色，椭圆形，长约0.3厘米。

【幼苗】第一至第五叶均为线形，先端尖锐。第一片真叶宽0.2～0.3厘米，第二至五叶宽0.2～0.4厘米，无毛，叶鞘光滑，无叶舌，茎常带红色。

稗 *Echinochloa crusgalli* (L.) Beauv.

【别名】稗子、稗草、野稗。

【英文名称】Barnyardgrass

【生物学特性及危害】一年生草本，花果期夏秋季。农田恶性杂草，生于沼泽、水湿地或稻田中，种子繁殖，种子成熟不一致，成熟后逐次自然脱落。

【形态特征】

茎　株高50～130厘米，秆丛生，基部倾斜或膝曲，光滑无毛。

叶　叶片扁平，条形，长10～40厘米，宽0.5～1.5厘米，无毛。叶鞘疏松、光滑无毛，无叶舌。

　　花　花序直立，圆锥形，顶端塔形，长6～20厘米，分枝斜上举或贴向主轴，有时再分小枝，花序分枝柔软。小穗卵形，长超过0.3厘米，密集在穗轴的一侧。第一颖三角形，长为小穗的1/3～1/2；第二颖与小穗等长。第一外稃草质，5～7脉，具0.5～1.5厘米的芒；第二外稃草质，椭圆形。

　　果实　颖果，黄褐色，椭圆形，长0.2～0.4厘米。

　　【幼苗】第一片真叶线状披针形，有15条直出平行脉，叶片与叶鞘的分界不明显，没有叶耳和叶舌。

无芒稗 *Echinochloa crusgalli* (L.)
Beauv. var. *mitis* (Pursh) Peterm.

【别名】落地稗。

【英文名称】Beardless Barnyardgrass

【生物学特性及危害】一年生草本，生长和成熟比稗略早，一般6月上旬开花，6月中旬种子成熟。部分地块危害严重。

【形态特征】无芒稗为稗草的变种，形态与稗草基本相似，区别为无芒稗的小穗无芒或芒极短，常不超过0.3厘米。

【幼苗】与稗的区别是第一片真叶有21条直出平行脉。

水稗 *Echinochloa phyllopogon* (Stapf) Koss.

【别名】稻稗。

【英文名称】Water Barnyardgrass

【生物学特性及危害】一年生草本，花果期7～10月。常生于水田或湿润地，为水稻伴生杂草，水稻田危害重，种子繁殖。

【形态特征】

茎　株高50～90厘米，秆丛生，直立，基部不向外开展。

叶　叶片条形，宽约0.5～0.8厘米，粗糙。叶鞘口具长柔毛，根出叶的叶鞘及叶片常密生柔毛。

花　圆锥花序狭窄，直立或下垂，长10～13厘米，宽约2.5厘米，分枝互生。小穗卵状椭圆形，长0.35～0.5厘米，芒长0.5～2厘米。第一颖三角形，长约为小穗的一半，先端渐尖，第二颖与小穗等长，先端长渐尖；第一、二外稃均为革质，硬而有光泽。

果实　颖果，黄褐色，长约0.5厘米。

【幼苗】与稗近似，区别是第一片叶平展，有21条平行脉。

【近似种识别要点】

水稗	植株直立，基部不向外开展，第二外稃革质
无芒稗	植株基部向外开展，第二外稃革质。芒不明显，长不超过0.3厘米
稗	植株基部向外开展，第二外稃革质。芒明显，长0.5～1.5厘米
长芒稗	植株基部向外开展，第二外稃革质。芒明显，长1.5～5厘米

牛筋草 *Eleusine indica* (L.) Gaertn.

【别名】蟋蟀草。

【英文名称】Goosegrass

【生物学特性及危害】一年生草本，花果期6～10月。秋熟旱作物田恶性杂草，种子繁殖。

【形态特征】

根　根系极发达，不易整株拔起。

茎　株高10～90厘米，秆丛生，基部倾斜向四周开展。

叶　叶片条形，长10～15厘米，宽0.3～0.7厘米，平展，无毛或正面有柔毛。叶鞘两侧压扁而具脊，松弛。叶舌短，约0.1厘米。

花　穗状花序，2～7个指状着生于秆顶，长3～10厘米。小穗长0.4～0.7厘米，含3～6朵小花。

果实　囊果，卵形，长0.1～0.2厘米，基部下凹，具明显的波状皱纹。

【幼苗】全株扁平，无毛。第一片叶带状披针形，长约0.9厘米，先端急尖，直出平行脉，叶鞘具脊，叶舌环状，无叶耳。第二、三片叶与第一片相似。

小画眉草 *Eragrostis minor* Host

【英文名称】Little Lovegrass

【生物学特性及危害】一年生草本，花果期6～9月。秋收作物田杂草，危害较轻，种子繁殖。

【形态特征】

茎　株高15～50厘米，秆丛生，纤细，膝曲上升，具3～4节，节下具有一圈腺体。

叶　叶片线形，平展或卷曲，长3～15厘米，宽0.2～0.4厘米，上面粗糙并疏生柔毛，背面光滑，主脉及边缘都有腺体。叶鞘疏松包茎，短于节间，脉上有腺体，鞘口有长毛。叶舌为一圈柔毛，长约0.1厘米。

花　圆锥花序，开展而疏松，长6～15厘米，宽4～6厘米，每节有一分枝，分枝平展或上举，腋间无毛，花序轴、小枝以及柄上都有腺

体。小穗绿色或深绿色，长圆形，长0.3～0.8厘米，宽约0.2厘米，含多朵小花，小穗轴节间不断落，小穗柄长0.3～0.6厘米。每一小花的内稃和外稃不同时脱落，第一外稃长约0.2厘米。

果实　颖果，红褐色，近球形，直径约0.05厘米。

【幼苗】第一片真叶线形，长约1厘米，宽约0.1厘米，先端钝尖，叶缘具细齿，具5条直出平行脉；叶鞘边缘上端疏生长毛，没有叶舌和叶耳。第二片真叶叶缘密生腺点，具8条直出平行脉，没有叶舌和叶耳。

画眉草 *Eragrostis pilosa* (L.) Beauv.

【别名】星星草、蚊子草。

【英文名称】Indian Lovegrass

【生物学特性及危害】一年生草本，花果期8～11月。喜生于湿润而肥沃的土壤，为秋收作物田杂草，种子繁殖。

【形态特征】

茎　株高15～60厘米，秆丛生，光滑，通常基部膝曲，植物体不具腺体。

叶　叶片线形，平展或卷缩，长6～20厘米，无毛。叶鞘疏松包茎，鞘缘近膜质，鞘口有长柔毛。叶舌为一圈纤毛，长约0.1厘米。

花　圆锥花序，长10～25厘米，分枝单生、簇生或轮生，多直立向上，花序分枝腋间有长柔毛。小穗具柄，长0.3～1厘米，含多朵小花，小穗轴节间不断落。每一小花的内稃和外稃不同时脱落，颖膜质，第一颖常无脉，长约0.1厘米，第二颖长约0.15厘米，具1脉。

果实　颖果，长圆形，长不足0.1厘米。

【幼苗】第一片真叶线形，先端钝尖，长约1厘米，叶缘具细齿，具5条直出平行脉，叶鞘边缘上端有柔毛，没有叶舌和叶耳。第二片真叶线状披针形，具7条直出平行脉，叶舌及叶耳毛状。

【近似种识别要点】

画眉草	植株不具腺体
小画眉草	茎节下、叶鞘脉上、叶片边缘等处有腺体

牛鞭草 *Hemarthria altissima* (Poir.) Stapf et C. E. Hubb.

【别名】脱节草。

【英文名称】Tall Hemarthria

【生物学特性及危害】多年生草本，花果期夏秋季。多生于田地、水沟、河滩等湿润处，以根状地下茎和种子繁殖，芦苇田危害严重。

【形态特征】

茎　有横走根状地下茎。秆直立部分可高达1米，直径约0.3厘米，一侧有槽。

叶　叶片条形，长15～20厘米，宽0.4～0.6厘米，两面均无毛。叶鞘边缘膜质，鞘口具纤毛。叶舌白色，膜质，长不足0.1厘米，上缘撕裂状。

花 总状花序，单生或簇生，长6～10厘米，直径约0.2厘米，花序轴成熟后较易逐节脱落。小穗有的具柄，有的无柄。无柄小穗卵状披针形，长0.5～0.8厘米，第一颖在先端以下收缩；有柄小穗长约0.8厘米，先端长渐尖。

果实 颖果。

光稃茅香 *Hierochloe glabra* Trin.

【英文名称】Glabrous Sweetgrass

【生物学特性及危害】多年生草本，花果期6～9月。生于山坡、堤岸等，危害果园、林木，根状茎及种子繁殖。

【形态特征】

茎 有细长的根状茎。秆高15～30厘米，具2～3节。

叶　叶片较厚，上面被微毛，秆生叶长2～5厘米，基生叶较长而窄狭。叶鞘松弛，密生微毛，长于节间。叶舌透明膜质，长0.2～0.4厘米。

花　圆锥花序，长4～6厘米。小穗成熟后黄褐色，有光泽，长约0.3厘米。颖膜质，等长或第一颖稍短。雄花外稃等于或较长于颖片，背部向上渐被微毛或几乎无毛，边缘具纤毛，无芒；两性花外稃锐尖，长0.2～0.25厘米，上部被短毛。

茅香 *Hierochloe odorata* (L.) Beauv.

【英文名称】Vanillagrass

【生物学特性及危害】多年生草本，花果期6～9月。多生于山坡、沙地和湿润草地，根状茎及种子繁殖。

【形态特征】

茎　根状茎细长，黄色。秆直立，高50～60厘米，具3～4节，无毛，上部常裸露。

叶　叶片较厚，披针形，上面被微毛，长可达5厘米，宽可达0.7厘米。叶鞘松弛，长于节间，无毛。叶舌透明膜质，长0.2～0.5厘米，先端啮蚀状。

花　圆锥花序，卵形至金字塔形，长约10厘米，分枝细长，光滑，上升或平展，多双生或3枚簇生，下部裸露。小穗淡黄褐色，有光泽，长0.5～0.6厘米。颖膜质，等长或第一颖较短；雄花外稃稍短于颖片，背部向上渐被微毛，边缘具纤毛，顶端具微小尖头。

果实　颖果，淡棕褐色，长卵形至椭圆形，长约0.15厘米。

【幼苗】第一叶线形，长约2厘米，宽约0.1厘米。第二至第五叶线状披针形，长3～5厘米，宽0.2～0.3厘米，叶鞘无毛，叶舌膜状。

【近似种识别要点】

茅香	株高50～60厘米，花序长约10厘米
光稃茅香	植株瘦小，株高15～30厘米，花序长3～6厘米

白茅 *Imperata cylindrica* (L.) Beauv.

【别名】茅针、茅根、茅草、红茅公。

【英文名称】Lalang Grass

【生物学特性及危害】多年生草本，花果期4～6月。危害果园和农田，多以根状地下茎繁殖，也可种子繁殖。

【形态特征】

茎　株高30～80厘米，具长而粗壮的根状地下茎。秆直立，具1～3节，秆节无毛，常为叶鞘所包。

叶　分蘖叶片较平展，长约20厘米，宽约0.8厘米，质地较薄。秆生叶片条形，通常内卷，质硬，被有白粉，先端渐尖呈刺状，基部渐窄。叶鞘质地较厚，聚集于秆基，长于节间，老后破碎呈纤维状。叶舌膜质，长约0.2厘米，紧贴其背部，鞘口处具柔毛。

花　圆锥花序，稠密，粗壮，长约20厘米，宽可达3厘米。小穗长0.4～0.6厘米，基部具长1.2～1.6厘米的丝状柔毛，柔毛长于小穗3倍以上。

果实　颖果，椭圆形，长约0.1厘米。

【幼苗】第一片真叶线状披针形，边缘略粗糙，中脉明显，略带紫色，叶舌干膜质。

假稻 *Leersia japonica* (Makino) Honda.

【别名】鞘康、李氏禾、过江龙。

【英文名称】Common Cutgrass

【生物学特性及危害】多年生草本，花果期夏秋季。生于水边湿地，种子及根状地下茎繁殖。

【形态特征】

茎 株高60～80厘米，秆下部伏卧地面或漂浮水面，节生多分枝的须根，上部向上斜升，节上密生倒毛。

叶 叶片长7～15厘米，宽0.4～0.8厘米，粗糙或背面平滑。叶鞘短于节间，微粗糙。叶舌长0.1～0.3厘米，基部两侧下延与叶鞘相连。

花　圆锥花序顶生，主轴粗壮，长8～12厘米，分枝较松散，直立或斜升，有棱角，分枝两侧平滑无毛。小穗长0.5～0.6厘米，带紫色，两侧平滑无毛。雄蕊6枚，花药长约0.3厘米。

千金子 *Leptochloa chinensis* (L.) Nees.

【别名】绣花草、畔茅。

【英文名称】Chinese Sprangletop

【生物学特性及危害】一年生草本，花果期8～11月。湿润秋熟旱作物田和稻田恶性杂草，种子繁殖。

【形态特征】

茎　株高30～90厘米，秆直立，丛生，基部膝曲或倾斜，平滑无毛。

叶　叶片扁平，长5～25厘米，宽0.2～0.6厘米，先端渐尖，无毛。叶鞘大多短于节间，无毛。叶舌膜质，长0.1～0.2厘米，撕裂状，

具小纤毛。

花　圆锥花序，长10～30厘米，花序分枝较粗壮，长5～10厘米。小穗多带紫色，长0.2～0.4厘米，含3～7小花。第一颖长0.15～0.2厘米，第二颖长0.12～0.18厘米。

果实　颖果，长圆形，长约0.1厘米。

【幼苗】第一片真叶长椭圆形，长0.3～0.7厘米，有7条直出平行脉。叶鞘短，长约0.2厘米，边缘白色膜质。叶舌环状，膜质，顶端齿裂。

羊草 *Leymus chinensis* (Trin.) Tzvel.

【英文名称】Chinese Leymus

【生物学特性及危害】多年生草本，花果期6～8月。多生于荒地，农田田埂、地边等，以根状茎及种子繁殖。

【形态特征】

根　须根，根上有沙套。

茎　株高40～90厘米，有下伸或横走的根状茎；秆散生或疏丛生，直立，具4～5节。

叶　叶片扁平或内卷，质地较硬，长7～18厘米，宽0.3～0.6厘米，上面及边缘粗糙，背面较平滑。叶鞘光滑，基部残留叶鞘呈纤维状，枯黄色。叶舌长约0.1厘米，截平，顶端具裂齿。

花　穗状花序，直立，长7～15厘米，宽1～1.5厘米，节间长0.6～1厘米，最基部的节长可达1.6厘米。小穗粉绿色，成熟时变黄，长1～2.2厘米，含5～10朵小花，通常2枚生于1节。颖质地较硬，锥状，长0.6～0.8

厘米，等于或短于第一小穗，不覆盖第一外稃的基部，边缘微具纤毛，具不显著3脉。外稃披针形，边缘狭窄膜质，顶端渐尖或形成芒状小尖头，第一外稃长0.7～0.9厘米；内稃与外稃等长，先端常微2裂，上半部脊上具微细纤毛或近于无毛。

果实　颖果，长圆形，黄褐色。

黑麦草 *Lolium perenne* L.

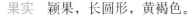

【英文名称】English Ryegrass

【生物学特性及危害】多年生草本，花果期5～7月。一般性杂草，危害草坪、牧场等，种子或分根繁殖。

【形态特征】

茎　株高30～90厘米，有细弱的根状茎。秆丛生，柔软，3～4节，基部节上有不定根。

叶　叶片线形，柔软，长5～20厘米，宽0.3～0.6厘米，具微毛，有时具叶耳；叶舌长约0.2厘米；花期具分蘖叶。

花　穗状花序，直立或稍弯，长10～20厘米，宽0.5～0.8厘米。颖披针形，为小穗长的1/3～1/2，具5脉，边缘狭膜质。外稃草质，长圆形，长0.5～0.9厘米，具5脉，平滑，基盘明显，顶端无芒，或上部小穗具短芒。

果实　颖果，颖果成熟后不肿胀，长约为宽的3倍，厚约为0.05厘米。

【幼苗】胚芽鞘紫色，松弛。第一片叶长3～4.5厘米，光滑，叶脉5条。

臭草 *Melica scabrosa* Trin.

【别名】肥马草、枪草。

【英文名称】Rough Melic

【生物学特性及危害】多年生草本，花果期5～8月。多生于田边路旁，有时侵入果园、麦田和芦苇田，危害很轻，主要以种子繁殖。

【形态特征】

根　须根，细弱，较稠密。

茎　秆丛生，直立或基部膝曲，高30～80厘米，基部分蘖多。

叶　叶片扁平，干旱时常卷折，长6～15厘米，两面粗糙或上面疏被柔毛。叶鞘闭合，近鞘口处常撕裂状。叶舌透明膜质，长0.1～0.3厘米，顶端撕裂而两侧下延。

花　圆锥花序，狭窄，长7～20厘米，分枝短，直立或斜向上升。小穗淡绿色或乳白色，长0.5～0.8厘米，含可育小花2～6个，顶端由数个不育外稃集成小球形；小穗柄短，纤细，被白色柔毛。颖膜质，近等长，具3～5脉，背面中脉常生微小纤毛。外稃草质，顶端尖或钝，

膜质，全缘，7脉，背面颖粒状粗糙。

果实　颖果，褐色，纺锤形，有光泽，长约0.15厘米。

蔣草 *Phalaris arundinacea* L.

【别名】草芦、丝带草。

【英文名称】Read Canarygrass

【生物学特性及危害】多年生草本，花果期5～8月。适生于水湿地、沟渠边，根状地下茎繁殖为主。是芦苇田伴生杂草，部分地块危害严重，防治难度大，不易根除。

【形态特征】

茎　株高50～150厘米，有根状地下茎。秆单生或少数丛生。

叶　叶片扁平，蓝绿色，长5～25厘米，宽1～1.8厘米。叶鞘无毛，叶舌薄膜质，长0.2～0.3厘米。

花　圆锥花序紧缩成穗状，直立，长5～15厘米，密生小穗。小穗长约0.5厘米，无毛或有微毛。小穗具3小花，下方2个退化为线形的不孕外稃；孕花外稃长约0.4厘米，具5脉，上部具柔毛，内稃与外稃同长，具2脉，有1脊，脊的两旁疏生柔毛。

果实　颖果，紧包于稃内。

【幼苗】第一、二片叶条形至狭披针形，长1.8～2.5厘米，宽约0.1

厘米，绿色，无毛。叶舌白色，膜质。

芦苇 *Phragmites australis* (Cav.) Trin. ex Steud.

【别名】苇子、芦柴。

【英文名称】Common Reed

【生物学特性及危害】多年生高大草本，花期8～9月。生于湿地及盐碱地等，为水稻田及旱田杂草，以种子、根状地下茎繁殖。

【形态特征】

茎　株高1～3米。根状地下茎粗壮发达，黄白色，节间中空。秆直立，直径1～4厘米，具20多节，节下被蜡粉。

叶　叶片条状披针形，长约30厘米，宽约2厘米，无毛，先端常渐尖成丝状。叶鞘圆筒形，下部叶鞘短于其节间，上部叶鞘长于其节间。叶舌边缘密生一圈短纤毛。

花　圆锥花序顶生，长20～40厘米，分枝多数，着生稠密下垂的小穗。小穗长约1.2厘米，含4花，小穗柄长0.2～0.4厘米，无毛。第一不孕外稃雄性，长约1.2厘米，第二外稃长1.1厘米，基盘延长，两侧密生等长于外稃的丝状柔毛。

果实　颖果，椭圆形，长约0.2厘米。

早熟禾 *Poa annua* L.

【别名】小鸡草、小青草、冷草、绒球草。

【英文名称】Annual Bluegrass

【生物学特性及危害】一年生草本，花果期4～7月。夏熟作物及蔬菜田杂草，种子繁殖。

【形态特征】

茎　株高6～30厘米。秆丛生，细弱，直立或倾斜，整株平滑无毛。

叶　叶片扁平，前端尖，稍对折呈船形，边缘微粗糙，长2～12厘米，宽0.1～0.4厘米，质地柔软，常有横脉纹。叶鞘稍压扁，中部以下闭合。叶舌钝圆，长0.1～0.3厘米。

花　圆锥花序开展，宽卵形，长3～7厘米，每节分枝1～3个。小穗卵形，长0.3～0.6厘米，绿色，含3～5小花，花药微小，长不足0.1厘米，黄色。颖质薄，边缘宽膜质，第一颖具1脉，第二颖具3脉；外稃边缘及顶端呈宽膜质，长0.3～0.4厘米，5脉明显，脊和边脉下方具长柔毛，基盘无绵毛；内稃和外稃等长或稍短，内稃脊上具长柔毛。

果实　颖果，纺锤形，黄褐色，长约0.2厘米。

【幼苗】胚芽鞘膜质透明。第一片叶线状披针形，先端舟形，长1.5～2.2厘米，有3条直出平行脉。叶鞘淡绿色，常带紫色，光滑，中下部闭合。叶舌膜质，三角形，无叶耳。

纤毛鹅观草 *Roegneria ciliaris* (Trin.) Nevski

【英文名称】Ciliate Roegneria

【生物学特性及危害】多年生草本，春夏季抽穗。多生于路边、林地或草丛中，偶尔侵入农田，危害较轻，种子繁殖。

【形态特征】

根　须根。

茎　株高40～90厘米，秆疏丛生，直立，基部节常膝曲，平滑无毛，常被白粉。

叶　叶片扁平，长10～20厘米，宽0.3～1厘米，两面均无毛，边缘粗糙。

花　穗状花序，直立或略下垂，长10～20厘米。小穗通常绿色，长1.5～2.2厘米，含7～12小花。颖近等长于第一外稃，先端常具短尖头，两侧或1侧常具齿，具5～7脉，边缘与边脉上具有纤毛。外稃背部被粗毛，边缘具长而硬的纤毛，具明显的5脉，通常在顶端两侧或1侧具齿；芒长1～3厘米，后期反曲明显。内稃长圆状倒卵形，长为外稃的2/3。

果实 颖果，长约0.5厘米。内稃与颖果贴生，不易分离。

硬草 *Sclerochloa kengiana* (Ohwi) Tzvel.

【别名】耿氏硬草。

【英文名称】Keng Stiffgrass

【生物学特性及危害】一年生草本，花果期4～5月。夏熟作物田杂草，局部麦田危害严重，种子繁殖。

【形态特征】

茎　株高15～40厘米，秆簇生，基部分枝，膝曲上升。

叶　叶片线状披针形，正面粗糙，无毛。叶鞘平滑无毛，中部以下闭合。叶舌膜质较短。

花　圆锥花序直立，质地较硬，长可达12厘米；分枝较粗短，每节常孪生长短不一的两个小枝。小穗含3～5小花，小穗长约0.5厘米。第一颖明显短于第二颖，具1脉；第二颖3脉；外稃阔卵形，具5脉。

果实　颖果，纺锤形，长约0.15厘米。

【幼苗】第一片叶线状披针形，先端尖锐，全缘，有3条直出平行脉，叶舌2～3齿裂，无叶耳。第二片叶叶缘有极细的刺状齿，有9条直出平行脉。

金色狗尾草 *Setaria glauca* (L.) Beauv.

【别名】黄狗尾草、牛尾草、黄安草。

【英文名称】Golden Bristlegrass

【生物学特性及危害】一年生草本，花果期6～10月。秋熟旱作物田常见杂草，在果园、苇田局部地块危害严重，种子繁殖。

【形态特征】

茎　株高20～100厘米，秆单生或丛生，直立或基部倾斜膝曲，接近地面的节可生根，光滑无毛。

叶　叶片线状披针形，长5～40厘米，宽0.2～1厘米，先端长渐尖，基部钝圆，正面粗糙，背面光滑，近基部有稀疏长柔毛。叶鞘下部扁压，具脊，上部圆柱形，光滑无毛，边缘薄膜质。叶舌为长约0.1厘米的纤毛。

花　圆锥花序，紧密，呈圆柱状，直立，长3～17厘米，主轴具短细柔毛。刚毛金黄色或稍带褐色，粗糙，长0.4～0.8厘米，先端尖。通常在一簇中仅具一个发育的小穗，第二颖宽卵形，长为小穗的1/2～2/3。小穗长0.3～0.4厘米，第一小花常具雄蕊，第一内稃等宽于第二小花，第二外稃背部具较粗皱纹。

果实　颖果，宽卵形。

【幼苗】第一片叶线状长椭圆形，长1.5～1.8厘米，宽约0.4厘米，先端锐尖。第二至第五叶为线状披针形，黄绿色，先端尖，基部具长毛，叶鞘光滑。

狗尾草 *Setaria viridis* (L.) Beauv.

【别名】绿狗尾草、狗毛草。

【英文名称】Green Bristlegrass, Green Foxtail

【生物学特性及危害】一年生草本，花果期5～10月。秋熟旱作物田主要杂草，种子繁殖。

【形态特征】

根　须根，高大植株有支持根。

茎　株高20～60厘米，秆稀疏丛生，直立或基部膝曲。

叶　叶片扁平，长三角状狭披针形或线状披针形，长4～30厘米，先端渐尖，基部钝圆形，边缘粗糙，通常无毛。叶鞘松弛，边缘具较长的密绵毛状纤毛。叶舌极短，边缘具纤毛。

花　圆锥花序，紧密，呈圆柱状，长2～10厘米，直立或稍弯垂，基部连续，顶端稍狭尖或渐尖。刚毛长0.4～1.2厘米，直或稍扭曲，通常绿色或褐黄，有的为紫红或紫色，粗糙，不具倒刺。小穗椭圆形，浅绿色，长0.2～0.3厘米，先端钝，2至多个簇生于主轴或短小的分枝上。谷粒连同第一外稃一起脱落。

　　果实　颖果，卵形，灰白色。

　　【幼苗】第一片叶倒披针状椭圆形，光滑，先端尖锐，长0.8～0.9厘米，宽0.2～0.4厘米。第二、三片叶狭倒披针形，长2～3厘米，宽0.2～0.4厘米，先端尖，叶耳处有紫红色斑，叶舌毛状。

巨大狗尾草 *Setaria viridis* (L.)
Beauv. subsp. *pycnocoma* (Steud.) Tzvel.

【别名】谷莠子。

【英文名称】Major Bristlegrass

【生物学特性及危害】一年生草本，花果期5～10月。秋熟旱作物田主要杂草，种子繁殖。

【形态特征】巨大狗尾草为狗尾草的亚种，与狗尾草的区别是植株高大粗壮，高60～90厘米，茎基部直径约0.7厘米，基部几节有不定根。花序比狗尾草大，小穗密集，长15～24厘米，通常下垂。

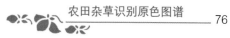
【近似种识别要点】

狗尾草	株高20～60厘米，花序长2～10厘米，通常直立或微倾斜
巨大狗尾草	株高60～90厘米，花序长15～24厘米或更长，稍下垂

葫 芦 科

Cucurbitaceae

盒子草 *Actinostemma tenerum* Griff.

【英文名称】Lobed Actinostemma

【生物学特性及危害】一年生草质攀援藤本，花果期7～11月。常生于河边或水源充足的林地等，对芦苇危害重，种子繁殖。

【形态特征】

茎　枝纤细，攀援，茎长可达2～3米。卷须细，2分叉。

叶　叶形变异大，长三角状戟形、披针状三角形或心状戟形等，长4～8厘米，宽2～5厘米，无毛，边缘有齿。叶柄细，被短柔毛。

花　花黄绿色，直径0.7～1厘米。雄花序总状或圆锥状，花序轴细弱，长1～13厘米；小花序基部具叶状3裂总苞片；花萼裂片线状披针形；花冠裂片披针形，先端尾状钻形。雌花单生、双生或雌雄同序，雌花梗长4～8厘米，具关节；花萼、花冠同雄花；子房卵状，有疣状凸起。

果实　绿色，卵形，长1.6～2.5厘米，直径1～2厘米，表面具暗绿色凸起，成熟后自近中部盖裂，果盖锥形，常具种子2粒。

种子　长约1.2厘米，宽约0.9厘米，表面有不规则雕纹。

【幼苗】子叶阔椭圆形，长约1.8厘米，宽约1.3厘米，先端钝圆，具短柄。初生真叶1片，近三角形，基部戟形，具短柄，叶腋有1条卷须，后生真叶与初生真叶相似。

小马泡 *Cucumis bisexualis* A. M. Lu et G. C. Wang ex Lu et Z. Y. Zhang

【别名】野香瓜。

【英文名称】Bisexual Cucumis

【生物学特性及危害】一年生匍匐草本，花果期5～9月。生于田边路旁及农田中，部分玉米地危害严重，种子繁殖。

【形态特征】

根 柱状，白色。

茎 茎枝粗糙，有浅的沟纹和疣状凸起，匍匐生长。

叶 叶片肾形或近圆形，长宽均为6～11厘米，两面粗糙，有腺点。掌状脉，脉上有短柔毛。叶柄长7～10厘米。卷须纤细，不分叉，有微柔毛。

花 花两性，在叶腋内单生或双生，花梗细，长2～4厘米。花萼淡黄绿色，筒杯状，花梗和花萼被白色的短柔毛。花冠黄色，钟状，直径约2厘米，裂片倒宽卵形，外面有稀疏的短柔毛。

果实 椭圆形，长3～3.5厘米，直径2～3厘米，果皮平滑无凸起，幼时有柔毛，后逐渐脱落。种子多数，水平着生。

种子 黄白色，卵形，扁压，两面光滑。

蒺 藜 科

Zygophyllaceae

蒺藜 *Tribulus terrester* L.

【别名】拦路虎、蒺骨子、蒺藜狗子。

【英文名称】Puncturevine Caltrap

【生物学特性及危害】一年生草本，花果期5～10月。一般性杂草，危害花生、棉花、豆类、薯类、蔬菜等，危害较轻，种子繁殖。

【形态特征】

茎　平卧，分枝长20～60厘米，无毛、被长柔毛或长硬毛。

叶　偶数羽状复叶，长1.5～6厘米。小叶对生，3～8对，矩圆形或斜短圆形，长0.5～1厘米，宽0.2～0.5厘米，基部稍偏斜，全缘。

花　花腋生，直径1厘米以下，花梗短于叶，花瓣5片，黄色。

果实　坚硬，长0.4～0.6厘米，无毛或被毛，中部边缘和下部各有锐刺2个，其余部位常有小瘤体，有5个分果瓣。

【幼苗】除子叶外整株被毛，平卧地面。子叶长圆形，长约0.8厘米，正面绿色，背面灰绿色，主脉凹陷，具短柄。初生真叶1片，偶数羽状复叶，小叶4～8对，长椭圆形，具短柄。

夹 竹 桃 科

Apocynaceae

罗布麻 *Apocynum venetum* L.

【别名】茶叶花、茶棵子、野麻、野茶。

【英文名称】Dogbane, Indian Hemp

【生物学特性及危害】直立半灌木，花果期5～11月。麦类、棉花、玉米和豆类等旱作物及果园杂草，危害较轻，以根芽及种子繁殖。

【形态特征】

茎　株高1～4米，一般1～2米，全株具乳汁。茎直立，具分枝，光滑无毛，紫红色或淡红色。

81

叶　叶对生，叶片椭圆状披针形至长圆形，长1～6厘米，宽0.5～1.5厘米，具短尖头，无毛，有叶柄。

花　圆锥状聚伞花序，通常顶生，有时腋生。花梗长约0.4厘米，被短柔毛。花冠圆筒状钟形，筒长0.6～0.8厘米，直径0.2～0.3厘米，紫红色或粉红色，两面密被颗粒状突起，花冠裂片卵圆状长圆形，少数为宽三角形，顶端钝或浑圆，长0.3～0.4厘米，宽约0.2厘米。

果实　蓇葖果2枚，平行或叉生，下垂，长8～20厘米，直径0.2～0.4厘米，外果皮棕色，无毛，有细纵纹。

种子　黄褐色，长圆形，长0.2～0.3厘米，直径不足0.1厘米。顶端有一簇白色绢质的种毛，长1.5～2.5厘米。

堇 菜 科
Violaceae

犁头草 *Viola japonica* Langsd.

【英文名称】Share-like Violet

【生物学特性及危害】多年生草本，花果期3～6月。种子及根状地下茎繁殖。

【形态特征】

根　主根白色，短粗。

茎　无地上茎。

叶　叶基生，长卵形或三角状卵形，长2～6厘米，宽1.5～4厘米，先端钝，基部浅心形或心形，边缘具钝齿。叶柄上端有狭翅，托叶具长尖，有疏线状齿。

花　花梗自基部抽出，长6～12厘米，中部有条形小苞片2片。花两侧对称，浅紫色，花瓣倒卵形。萼片披针形，附属物上有钝齿。

果实　蒴果，矩圆形，长0.6～1厘米，裂瓣有棱沟。

种子　卵球形，淡黄色。

【幼苗】子叶近圆形，直径约0.5厘米，先端微凹，全缘，具柄。初生叶1片，三角状卵形，先端钝尖，基部心形，叶缘有钝锯齿，具长柄。

紫花地丁 *Viola philippica* Cav. Icons et Descr.

【别名】辽堇菜、野堇菜、光瓣堇菜。

【英文名称】Tokyo Violet, Chinese Violet, Purple Floneid, Eoith-nail

【生物学特性及危害】多年生草本，花果期4～9月。夏秋作物田和菜园一般性杂草，以根状地下茎和种子繁殖。

【形态特征】

茎　根状地下茎短，垂直，淡褐色，长0.4～1.3厘米。无地上茎，株高4～20厘米。

叶　叶多数，基生，莲座状。下部叶片通常较小，呈三角状卵形或狭卵形；上部叶片较长，呈长圆形、狭卵状披针形或长圆状卵形，长1.5～4厘米，宽0.5～1厘米，先端圆钝，基部截形或楔形，边缘具较平的圆齿，两面无毛或被细短毛，有时仅背面沿叶脉被短毛。果期叶片增大，长可达10厘米，宽可达4厘米。叶柄在花期通常长于叶片1～2倍，上部具极狭的翅，果期长可达10余厘米。托叶膜质，苍白色或淡绿色，长1.5～2.5厘米，大部分与叶柄合生，离生部分线状披针形，边缘疏生具腺体的细齿或近全缘。

花　花中等大，紫堇色或淡紫色，少数呈白色，喉部色较淡并带有紫色条纹。花梗通常多数，细弱，与叶片等长或比叶片长，无毛或有短毛，中部附近有2枚线形小苞片。花柱棍棒状，上部不裂，柱头三角形，两侧及后方稍增厚呈微隆起的缘边，顶部略平，前方具短喙。

果实　朔果，长圆形，长0.5～1.2厘米，无毛，果梗直立。

种子　淡黄色，卵球形，长约0.2厘米。

【幼苗】子叶卵状椭圆形，长约0.5厘米，先端微凹，光滑，具柄。初生真叶卵圆形，先端稍钝。

【近似种识别要点】

紫花地丁	上部叶片较长，长圆形、狭卵状披针形或长圆状卵形，基部截形或楔形，边缘具较平的圆齿
犁头草	叶片较短，叶长卵形或三角状卵形，基部浅心形或心形，边缘具钝齿

锦 葵 科

Malvaceae

苘麻 *Abutilon theophrasti* Medicus Malv

【别名】青麻、白麻。

【英文名称】Chingma Abutilon Piemarker

【生物学特性及危害】一年生亚灌木状草本，花果期7～11月。主要危害玉米、棉花、豆类等作物，为夏秋作物主要杂草，种子繁殖。

【形态特征】

茎　株高1～2米，茎枝被柔毛。

叶　叶互生，圆心形，长5～10厘米，先端长渐尖，基部心形，两面均密被柔毛，边缘具细圆锯齿。叶柄长3～12厘米，密被细柔毛。

花　花单生于叶腋，黄色，花瓣倒卵形，长1厘米。心皮15～20，成熟后不肿胀，顶端平截，具扩展、被毛的长芒2枚。花梗长1～3厘米，较叶柄短，近顶端具节，被柔毛。

果实　蒴果，半球形，长约1.2厘米，直径约2厘米，分果片15～20个，被粗毛，顶端具长芒2根，芒长0.3～0.5厘米，果皮革质。

种子　多数，肾形，成熟后黑褐色。

【幼苗】子叶心形，长1～1.2厘米，先端钝，基部心形，具长柄。初生真叶1片，卵圆形，先端钝尖，基部心形，叶缘有钝齿，整株被毛。

野西瓜苗 *Hibiscus trionum* L.

【英文名称】Flowerofanhour

【生物学特性及危害】一年生草本，花果期7～10月。旱作物田常见杂草，种子繁殖。

【形态特征】

茎　株高20～70厘米，直立或斜生，被白色星状粗毛，无皮刺。

叶　下部叶圆形，不分裂或3～5浅裂；上部叶掌状3～5深裂，直径3～6厘米，中裂片较长，两侧裂片较短，裂片倒卵形至长圆形，通常羽状全裂，正面通常无毛，背面疏被星状粗刺毛。叶柄长2～4厘米，被星状粗硬毛和星状柔毛。托叶线形，长约0.5～0.8厘米，被星状粗硬毛。

花　花单生于叶腋，花冠黄白色，内面基部紫色，直径2～3厘米，花瓣5枚。花梗长约3厘米，果时延长达4～5厘米，被星状粗硬毛，具12个线形小苞片。萼钟形，膜质，淡绿色，条纹明显。

果实　蒴果，长圆状球形，直径约1厘米，果爿5个，果皮薄，被粗毛。

种子　黑色，肾形，具腺状突起。

【幼苗】子叶近圆形或卵圆形，长0.5～0.7厘米，有柄，叶柄被毛。初生叶1片，近方形，先端微凹，基部近心形，叶缘有钝齿，叶柄长约0.7厘米，被毛。

冬葵 *Malva verticillata* L.

【别名】野葵、冬苋菜、冬寒菜。

【英文名称】Cluster Mallow

【生物学特性及危害】二年生草本，花果期4～10月。危害玉米、油菜、马铃薯等，种子繁殖。

【形态特征】

茎　株高50～110厘米，茎被星状长柔毛。

叶　叶互生，叶片肾形或圆形，直径5～12厘米，通常为掌状5裂，少数6～7裂，裂片三角形，边缘有钝齿，并极皱缩扭曲，两面被极疏糙伏毛或近无毛。叶柄长2～8厘米，柄上有茸毛。托叶卵状披针形，被星状柔毛。

花 3～5朵簇生于叶腋，花小，白色，直径约0.6厘米，柄极短。小苞片3，线状披针形，先端锐尖，被纤毛。花萼杯状，5裂，三角形，疏被星状长硬毛。花冠淡白色至淡紫色，稍长于萼片，花瓣5，先端凹入，花冠内面通常具浅紫色至深紫色条纹。

果实 扁球形，直径0.5～0.7厘米。分果爿11个，背面平滑，两侧具网纹。

种子 紫褐色，肾形，直径约0.15厘米，无毛。

【幼苗】子叶心形，长约1厘米，宽约0.8厘米，具长柄。初生叶互生，肾形，叶缘有不规则粗锯齿，叶脉掌状，具长柄。后生叶与初生叶相似。

菊 科

Compositae

藿香蓟 *Ageratum conyzoides* L.

【别名】胜红蓟。

【英文名称】Tropic Ageratum

【生物学特性及危害】一年生草本，花果期全年。危害玉米、甘薯等秋作物，种子繁殖。

【形态特征】

根 无明显主根。

茎 株高20～80厘米。茎直立，具分枝，被白色短柔毛或上部被稠密的长茸毛。

叶 叶对生，有时上部互生，具柄。茎中部叶长圆形，长3～8厘米，宽2～5厘米，先端稍尖，基部渐狭或楔形，边缘具圆锯齿，两面被白色稀疏的短柔毛，基出三脉或不明显五出脉。

花 头状花序较小，顶生，多个紧密排成伞房花序，直径1.5～

3厘米。花梗长0.5～1.5厘米，被短柔毛。总苞钟状，总苞片2层，长圆形或披针状长圆形，外面无毛，边缘撕裂。花淡紫色或浅蓝色。

果实 瘦果，黑褐色，5棱，有白色稀疏细柔毛，冠毛鳞片状，上端渐狭成芒状，5～6个，长0.15～0.3厘米。

【幼苗】子叶椭圆形。第一、二片真叶卵圆形，边缘有锯齿，被白色柔毛。

豚草 *Ambrosia artemisiifolia* L.

【别名】艾叶破布草。

【英文名称】Common Ragweed

【生物学特性及危害】一年生草本，花果期8～10月。适生性强，庭院、路边、菜园及荒地均能生长，种子繁殖。

【形态特征】

茎　株高20～200厘米，茎直立，上部有圆锥状分枝，有棱，被疏生密糙毛。

叶　上部叶互生，羽状分裂，无柄。下部叶对生，二回羽状分裂，被细短伏毛或近无毛，背面灰绿色，被密短糙毛，具短叶柄。

花　雌雄异花。雄花头状花序，半球形或卵形，具短梗，下垂，在

枝顶端排列成总状花序，长3～17厘米；雄花序总苞宽半球形或碟形，总苞片全部结合，无肋，花冠淡黄色。雌花头状花序，无花序梗，在雄花序下面或在叶腋单生，或2～3个密集成团伞状，内有一个雌花，总苞略成纺锤形，闭合，上方周围具4～6个尖刺。

果实 瘦果，褐色，倒卵形，长约0.2厘米，无毛，包裹于坚硬的总苞中。

【**幼苗**】子叶阔卵形，肥厚，长约0.6厘米，宽约0.5厘米，先端钝圆，基部宽楔形，全缘，具短柄。初生真叶2片，对生，叶片长卵形，羽状深裂，叶脉明显，具叶柄，叶两面及叶柄被长柔毛。

野艾蒿 *Artemisia lavandulaefolia* DC.

【**别名**】荫地蒿、野艾、小叶艾、艾叶、苦艾、陈艾。

【**英文名称**】Lavenderleaf Wormwood

【**生物学特性及危害**】多年生草本，有时为半灌木状，花果期7～11月。植株有香气。生于河边、灌木丛、路旁等，果园及林地杂草，根茎及种子繁殖。

【**形态特征**】

根 主根比较明显，侧根多，根状茎较粗，横走。

茎 株高50～120厘米。地上茎成小丛或单生，具纵棱，中上部分枝多，茎枝被灰白色短柔毛。

叶 叶正面具密集白色腺点及小凹点，被稀疏的白柔毛或无毛，背面密被灰白色绵毛。不同位置的叶形态不同。基生叶与茎下部叶二回羽状全裂或深裂，具长柄，花期凋谢。茎中部叶羽状全裂或深裂，侧裂片2～3对，椭圆形或长卵形，长3～7厘米，宽0.5～0.9厘米，正面初时微被蛛丝状柔毛，后稀疏或无毛，每裂片具2～3枚披针形的小裂片或深裂齿；叶柄长1～3厘米，基部有小型羽状分裂的假托叶。茎上部叶羽状全裂，具短柄或无柄。

花 头状花序，筒形，直径约0.2厘米，有短梗或近无梗，多个头状花序在分枝的顶部排列成狭长或开展的圆锥花序。总苞片3～4层，外层和中层背面被疏或密的蛛丝状柔毛；外层总苞片略小，卵形；内层总苞片长圆形或椭圆形，半膜质。外层花雌性，内层花雌雄两性。雌花花冠狭管状，紫红色；两性花花冠管状，檐部紫红色。

果实 瘦果，长卵形或倒卵形。

【幼苗】 子叶卵圆形，长约0.2厘米，无柄。初生真叶2片，卵形，边缘有疏锯齿，叶片及叶柄密被棉状毛。后生叶互生，宽卵形，密被棉状毛，边缘有疏锯齿。

鬼针草 *Bidens bipinnata* L.

【别名】 婆婆针。

【英文名称】 Spanishneedles

【生物学特性及危害】 一年生草本，花果期8～10月。生于河边、灌木丛、路旁等，果园及林地杂草，种子繁殖。

【形态特征】

茎 株高30～120厘米，茎直立，具分枝。

叶 中下部叶对生，上部叶互生，长5～13厘米，二回羽状分裂，小裂片三角状或菱状披针形，具1～2对缺刻或深裂，先端渐尖，边缘有稀疏不规整的粗齿，两面均被疏柔毛，叶柄长2～6厘米。

花 头状花序，直径0.6～1厘米，花序梗长2～10厘米。总苞杯形，下部有柔毛，外层苞片条形，先端钝，被稍密的短柔毛。舌状花通常1～3朵，舌片黄色，椭圆形或倒卵状披针形，长0.4～0.5厘米，宽约0.3厘米，先端全缘或具2～3齿，盘花筒状，黄色，长约0.5厘米，顶端5齿裂。

果实 瘦果，线形，先端渐狭，长1.2～1.8厘米，宽约0.1厘米，具3～4棱，具瘤状突起及小刚毛，顶端芒刺3～4枚。

【幼苗】子叶长圆状披针形，长约3厘米，先端锐尖，基部渐狭，光滑。初生真叶2片，二回羽状深裂，边缘有锯齿，具柄。

金盏银盘 *Bidens biternata* (Lour.) Merr. et Sherff

【别名】鬼针草、母猪油、鬼刺针。

【英文名称】Biternate Beggarticks

【生物学特性及危害】一年生草本，花果期7～8月。生于河边、灌木丛、路旁等，果园及林地杂草，危害较轻。种子繁殖。

【形态特征】

茎　株高30～120厘米，茎直立，基部略具四棱。

叶　羽状复叶，小裂片卵形或卵状披针形，长2～7厘米，宽1～2.5厘米，先端渐尖，基部楔形，边缘具稍密且近均匀的锯齿，两面均被疏柔毛。叶柄长1.5～5厘米，无毛或有疏柔毛。

花　头状花序，直径0.7～1厘米，花序梗长2～6厘米。外层苞片7～10枚，线状披针形，被柔毛，内层苞片长椭圆形，长0.5～0.6厘米。舌状花通常3～5朵，舌片淡黄色，长椭圆形，先端3齿裂，有时无舌状花；盘花筒状，顶端5齿裂。

果实　瘦果，黑色条形，长1～1.8厘米，具四棱，两端稍狭，顶端有芒刺3～4枚，具倒刺毛。

【幼苗】子叶长圆状披针形，长2.5～3厘米，先端急尖，基部渐狭至柄，光滑。初生真叶2片，二回羽状深裂，边缘有缘毛。

【近似种识别要点】

金盏银盘	叶2～3回羽状分裂，边缘具稍密且近均匀的锯齿，舌状花黄色
鬼针草	叶2～3回羽状分裂，边缘有稀疏不规整的粗齿，舌状花黄色

大狼把草 *Bidens frondosa* L.

【别名】大狼杷草、接力草、外国脱力草。

【英文名称】Bevil's Beggarticks

【生物学特性及危害】一年生草本，花果期8～10月。喜湿润环境，生于河边、沟边及路旁等，苇田危害严重，稻田危害一般较轻，种子繁殖。

【形态特征】

茎　株高20～150厘米，茎直立，具分枝，被疏毛或无毛，常带紫色。

叶　叶对生，羽状复叶，小叶3～5枚，披针形，长3～10厘米，先端渐尖，边缘有粗锯齿，通常背面被稀疏短柔毛。下部叶叶柄长，上部叶叶柄较短。

花　头状花序，单生于茎和枝的顶部，长约1.2厘米，直径1.5～2厘米。总苞钟状或半球形，外层苞片5～10枚，叶状，边缘有毛。无舌状花或舌状花极不明显，筒状花花冠长约0.3厘米，顶端5裂。

果实　瘦果，狭楔形，扁平，长0.5～1厘米，近无毛或被糙伏毛，

顶端截形，有芒刺2枚，长约0.3厘米，有倒刺毛。

【幼苗】子叶长圆状线形，长1～1.2厘米，宽约0.4厘米，先端钝圆，基部楔形，有短柄。初生真叶2片，长椭圆形，先端尖，基部渐狭成柄。

飞廉 *Carduus nutans* L.

【别名】丝毛飞廉。

【英文名称】Curly Bristle Thoistle

【生物学特性及危害】二年生或多年生草本，花果期6～10月。作物田及田埂、路边常见杂草，种子繁殖。

【形态特征】

茎　株高30～120厘米，茎单生或少数簇生，通常多分枝，全部茎枝有条棱，被稀疏的长毛。

　　叶　叶长卵圆形或披针形，长5～40厘米，宽2～10厘米，羽状浅裂或深裂，侧裂片5～8对，顶端及边缘有针刺，无叶柄或下部叶具短柄。全部茎生叶基部渐狭，两侧沿茎下延成茎翼，茎翼连续，边缘有大小不等的三角形齿裂，齿顶和齿缘有针刺，花序下部的茎翼常呈针刺状。

　　花　头状花序较大，常2～5个生于主茎或长分枝的顶端。总苞钟状或宽钟状，直径3～6厘米；总苞片多层，不等长，覆瓦状排列，向内层渐长；除最内层苞片外，其余各层苞片中部或上部曲膝状弯曲。小花紫红色，长约2.5厘米，檐部5深裂，裂片狭线形。

　　果实　瘦果，灰黄色，楔形，稍压扁，长约0.35厘米。冠毛白色，多层，不等长；冠毛刚毛锯齿状，整体脱落。

　　【幼苗】　子叶宽椭圆形，长约1.1厘米，宽约0.7厘米，先端钝圆，基部圆形，叶柄短。初生真叶1片，宽椭圆形，先端钝尖，基部楔形，边缘有粗齿。

石胡荽 *Centipeda minima* (L.) A. Br. et Aschers.

【别名】球子草。

【英文名称】Parvus Centipede

【生物学特性及危害】一年生小草本，花果期6～10月。适生于潮湿环境，生于蔬菜、水稻等田边，种子繁殖。

【形态特征】

茎　匍匐状或稍斜生，基部多分枝，高5～25厘米，微被蛛丝状毛或无毛。

叶　叶互生，楔状倒披针形，长0.6～2厘米，先端钝，基部楔形，边缘有少数锯齿，无毛或背面微被蛛丝状毛。

花　头状花序，单生于叶腋，扁球形，直径约0.3厘米，无花序梗或极短。总苞半球形，总苞片2层，绿色，椭圆状披针形，边缘透明膜质，外层苞片较大。外围花雌性，淡绿黄色，多层，花冠细管状；中间盘花两性，淡紫红色，花冠管状，顶端4深裂。

果实　瘦果，椭圆形，长约0.1厘米，具4棱，棱上有长毛，无冠状冠毛。

【幼苗】子叶淡绿色，椭圆形，长约0.1厘米，全缘，无柄。初生真叶两片，对生，暗绿色，披针形，基部楔形，全缘，有明显的叶柄。

大刺儿菜 *Cephalanoplos setosum* (Willd.) Kitam

【别名】大蓟。

【英文名称】Setose Cephalanoplos

【生物学特性及危害】多年生草本，花果期6～9月。路边、荒地、管理粗放的果园及林地发生较多，可危害各种作物及果树，以根上的不定芽及种子繁殖。

【形态特征】

茎　直立，高40～150厘米，具纵条棱，上部有分枝。

叶　茎中下部叶长圆形至椭圆状披针形，边缘羽状浅裂或缺刻状，叶边缘具刺，长10～20厘米，宽4～8厘米，上面绿色，背面被蛛丝状毛。

花　雌雄异株，头状花序多数，集生于茎枝上端，排列成疏松的伞房状。总苞钟形，总苞片多层，覆瓦状排列，由外到内苞片依次渐长。雌性管状花冠紫红色，长1.7～2厘米，花冠深裂。

果实　瘦果，浅褐色，长圆形，长约0.3厘米，具四棱。冠毛白色，羽状，成熟时长达3厘米。

刺儿菜 *Cirsium setosum* (Willd.) MB.

【别名】小蓟。

【英文名称】Little Thistle

【生物学特性及危害】多年生草本，花果期5～9月。危害小麦、棉花、豆类及甘薯等，以根芽繁殖为主，也可以种子繁殖。

【形态特征】

根　具水平生长的根，能产生不定芽。

茎　株高25～60厘米，茎直立，上部有分枝。

叶　茎中下部叶椭圆形或椭圆状倒披针形，边缘具刺状齿，长5～10厘米，宽1.5～3厘米，通常无叶柄或具极短的柄；茎上部叶渐小，基生叶脱落早。全株叶片两面均为绿色，无毛。不同植株叶形变化较大，叶片或不分裂或羽状浅裂等，边缘针刺长度变化也较大。

花　雌雄异株。头状花序，单生茎端，或几个花序在茎枝顶端排成伞房花序。总苞卵形或卵圆形，直径1.5～2厘米；总苞片多层，覆瓦状排列，由外到内苞片依次渐长，顶端具刺。小花紫红色或白色。

果实　瘦果，淡黄色，椭圆形，压扁，长约0.3厘米，顶端斜截形。冠毛白色，多层，果期冠毛常长于小花花冠，整体脱落；冠毛刚毛长羽毛状，顶端渐细。

【幼苗】子叶阔椭圆形，长约0.7厘米，宽约0.5厘米，基部楔形，全缘。初生真叶1片，椭圆形，边缘具齿状刺毛，第二片真叶与初生真叶对生。

小飞蓬 *Conyza canadensis* (L.) Cronq.

【别名】小蓬草、小白酒草、加拿大蓬。

【英文名称】Canadian Fleabane

【生物学特性及危害】一年生草本，花果期6～10月。危害秋作物及果园等，部分地块发生量大，危害重，种子繁殖。

【形态特征】

根　纺锤状，具纤维状侧根。

茎　株高50～120厘米，直立，绿色，圆柱状，有条纹，略具棱，有稀疏长硬毛，上部多分枝。

叶　叶密集，基部叶常在花期枯萎。下部叶倒披针形，先端尖，基部渐狭成柄，边缘具疏锯齿或全缘。茎中上部叶线状披针形或线形，全缘或具1～2个齿，边缘常有硬缘毛，近无柄。

花　头状花序多个，直径0.3～0.5厘米，排列成顶生、多分枝的大圆锥花序，花序梗细。总苞近圆柱状，2～3层。头状花序外围花为雌花，舌状，多个，白色，长0.2～0.4厘米，舌片小，顶端有两个钝小齿。中间为两性花，淡黄色，花冠管状，长约0.3厘米，上端具4～5个齿裂。

果实　瘦果，线状披针形，长约0.15厘米，稍扁压。冠毛灰白色，1层，糙毛状，长约0.3厘米。

【幼苗】子叶椭圆形或卵圆形，长0.3～0.4厘米，基部逐渐变窄成叶柄。初生真叶1片，椭圆形，长0.5～0.7厘米，先端尖，两面及边缘具毛，具叶柄。

秋英 *Cosmos bipinnata* Cav.

【别名】大波斯菊、波斯菊。

【英文名称】Common Cosmos

【生物学特性及危害】一年生或多年生草本，花果期6～10月。一般为观赏种植，有的逸生到农田，危害较轻。

【形态特征】

根　纺锤状，多须根，或近茎基部有不定根。

茎　株高1～2米，直立，无毛或稍被柔毛。

叶　对生，二回羽状深裂，裂片线形。

花　头状花序，单生，直径3～5厘米，花序梗长6～15厘米。总苞近半球形，总苞片2层，外层近革质，内层膜质。托片平展，上部成丝状，与瘦果近等长。外围舌状花颜色多样，紫红色、粉红色或白色等，舌片椭圆状倒卵形，有3～5钝齿；中间管状花黄色，长0.6～0.8厘米，上部圆柱形，具5个裂片。

果实　瘦果，黑紫色，长约1厘米，上部具长喙，无毛，有2～3尖刺。

鳢肠 *Eclipta prostrata* (L.) L.

【别名】墨旱莲、旱莲草、墨草、还魂草。

【英文名称】Yerbadetajo

【生物学特性及危害】一年生草本，花果期6～11月。喜湿润环境，主要危害小麦、棉花、大豆、甘薯及水稻等，局部地块危害重，种子繁殖。

【形态特征】

茎　株高20～60厘米，茎直立，被贴生糙毛，通常自基部分枝，基部分枝平卧或斜生。

　　叶　对生，长圆状披针形，长2.5～10厘米，宽0.5～2.5厘米，先端尖，边缘略有锯齿，两面密被糙毛，近无柄。

　　花　头状花序，直径0.6～0.9厘米，花序梗1～4厘米，生于枝端或叶腋。总苞球状钟形；外围的雌花两层，舌状，白色，舌片短而狭；中间为两性花，浅黄色，多数，花冠管状，顶端具4齿裂。

　　果实　瘦果，暗褐色，长约0.3厘米。雌花的瘦果三棱形；两性花的瘦果扁四棱形，顶端截形，具1～3个细齿，表面有小瘤状突起，无冠毛。

　　【幼苗】子叶椭圆形或近圆形，全缘，具3条脉，无毛，有叶柄。初生真叶2片，对生，全缘或具疏锯齿，三出脉。

黄顶菊 *Flavera bidentis* (L.) Kuntze

【英文名称】Yellow top

【生物学特性及危害】一年生草本，花果期夏秋季。入侵杂草，生长势极强，抗逆、耐盐碱、耐瘠薄，繁殖量大，是一种潜在威胁很大的杂草，种子繁殖。

【形态特征】

　　茎　株高25～250厘米，茎直立，下部木质，常带紫红色，被短茸毛。

　　叶　单叶交互对生，基生三出脉，上部叶无柄或近无柄，下部叶有柄。叶片披针形或长圆状椭圆形，长4～12厘米，宽1～2.5厘米，叶片边缘有稀疏锯齿或刺状锯齿。

　　花　小型头状花序，一般每株20～100个，再由多个头状花序在主枝及分枝顶端密集成聚伞花序。每个头状花序2～8朵小花，花冠为鲜黄色，边花舌状，长0.1～0.3厘米，中央花管状，长0.3～0.6厘米。

　　果实　瘦果，黑褐色，没有冠毛和刺，具10纵棱，长0.2～0.3厘米。

牛膝菊 *Galinsoga parviflora* Cav. Ic. et Descr.

【别名】辣子草、向阳花。

【英文名称】Smallflower Galinsoga

【生物学特性及危害】一年生草本，花果期5～10月。危害小麦、玉米、大豆、甘薯、蔬菜、果树等，局部地块危害严重，种子繁殖。

【形态特征】

茎　株高10～80厘米，不分枝或自下部分枝，分枝斜升，茎枝密被短柔毛和少量腺毛。

叶　叶对生，卵形或卵状披针形，长2～5厘米，宽1～3.5厘米，先端渐尖，基部圆形或楔形，基出三脉或不明显五出脉，在叶背稍突起，边缘具不整齐的锯齿。叶柄长0.3～2厘米。茎上部及花序下部的叶渐小，通常披针形。茎上的全部叶两面粗糙，被白色稀疏短柔毛，叶柄上的毛较密。

花　头状花序，半球形，花梗长0.5～1.5厘米，多个头状花序在茎顶端排成疏松的伞房花序。总苞半球形或宽钟状，苞片2层，宽卵形，近膜质。花异形，全部结实。舌状花雌性，4～5个，一层，舌片白色，顶端3齿裂；管状花为两性花，黄色，顶端5齿裂；花托凸起，有披针形托片。

　　果实　瘦果，黑褐色，具3～5棱，长约0.1～0.2厘米，常压扁，被白色微毛。舌状花形成的瘦果冠毛毛状，脱落；管状花瘦果冠毛膜片状，边缘流苏状。

泥胡菜 *Hemistepta lyrata* (Bunge) Bunge

【别名】肚兜菜、艾草。

【英文名称】Lyrate Hemistepta

【生物学特性及危害】一年生草本，花果期3～8月。麦田等夏收作物田杂草，种子繁殖。

【形态特征】

茎　株高30～110厘米，茎直立，具纵棱，上部常有分枝。

叶　基生叶莲座状。基生叶及中下部叶片长椭圆形或倒披针形，具柄，长5～20厘米，宽2～5厘米，羽状深裂或全裂，顶端裂片大，侧裂片1～6对，向基部的侧裂片渐小，裂片边缘具疏锯齿，最下部侧裂片通常无锯齿；少数植株叶片不裂，边缘有或无锯齿。茎上部叶较小，叶柄短或无柄。叶片正面绿色，无毛，背面灰白色，被茸毛。

花　头状花序多数，在茎枝顶端排成疏松伞房花序。总苞球形或半球形，直径1.2～2厘米；总苞片多层，覆瓦状排列，中外层苞片近顶端有鸡冠状紫红色的附片。小花紫红色，花冠管状，具5个裂片。

果实 瘦果，深褐色，楔状或偏斜楔形，长约0.2厘米，压扁，顶端斜截形，具纵棱。冠毛白色，两层，外层羽毛状，基部连合成环，整体脱落。

【幼苗】子叶2片，卵圆形，长约0.7厘米，先端钝圆，基部逐渐变窄。初生真叶1片，椭圆形，先端锐尖，基部楔形，边缘具稀疏小齿，叶片及叶柄均密被白色丝状毛。

阿尔泰狗娃花 *Heteropappus altaicus* (Willd.) Novopokr.

【别名】阿尔泰紫菀。

【英文名称】Altai Heteropappus

【生物学特性及危害】多年生草本，花果期5～10月。常危害果园，一般性杂草，主要以种子繁殖。

【形态特征】

根 有横走或垂直的根。

茎 株高20～60厘米，茎直立或斜升，有分枝，被上曲或开展的毛。

叶 茎基部叶在花期枯萎。下部叶条形或矩圆状披针形、倒披针形或近匙形，长2.5～6厘米，宽0.6～1.5厘米，全缘或有疏浅齿。叶两面或背面被毛，常有腺点，中脉在被面稍凸起。

花 头状花序，单生枝端或排成伞房状，直径2～4厘米。总苞半球形，直径0.8～1.5厘米，总苞片2～3层，边缘膜质。舌状花15～20个，舌片浅蓝紫色，矩圆状条形，长1～1.5厘米，宽约0.2厘米；管状花长0.5～0.6厘米，具5个裂片。

果实 瘦果，浅褐色，倒卵状矩圆形，扁，长约0.2厘米，被绢毛。冠毛污白色或红褐色，长0.4～0.6厘米，有不等长的微糙毛。全部小花结的瘦果冠毛长度相同。

狗娃花 *Heteropappus hispidus* (Thunb.) Less.

【英文名称】Hispid Heteropappus

【生物学特性及危害】一二年生草本，花果期7～10月。生长于荒地、沟边等，常危害果园，危害较轻，种子繁殖。

【形态特征】

根　主根发达，垂直。

茎　单生或少数丛生，直立，高30～120厘米，被粗毛，具分枝。

叶　茎基部及下部叶倒卵形，顶端圆钝，基部渐狭成柄，全缘或有疏齿，花期枯萎。茎中部叶矩圆状披针形或条形，长3～7厘米，宽0.3～1.5厘米，常全缘。茎上部叶较小，条形，全缘。全部叶两面及边缘被疏毛或无毛，中脉及侧脉明显。

花　头状花序单生于枝端，直径3～5厘米，多个头状花序排列成伞房花序。总苞半球形，直径1～2厘米；总苞片2层，近等长，条状披针形，宽约0.1厘米，草质，背面及边缘有粗毛，常有腺点。舌状花多数，舌片浅红色或粉白色，管状花具裂片。

果实　瘦果，倒卵形，扁，长约0.3厘米，有细边肋，被密毛。舌状花形成的瘦果冠毛极短，膜片状，白色或稍带红色；管状花瘦果冠毛较长，几乎与花冠等长，白色或稍带红色。

【近似种识别要点】

狗娃花	一二年生，无横走根，舌状花瘦果冠毛极短，管状花瘦果冠毛几乎与花冠等长
阿尔泰狗娃花	多年生，有横走根，全部小花结的瘦果冠毛长度相同

旋覆花 *Inula japonica* Thunb.

【别名】日本旋覆花、金佛草。

【英文名称】Japanese Inula

【生物学特性及危害】多年生草本，花果期6～11月。田埂、地边常见，一般性杂草，危害较轻，种子及根状地下茎繁殖。

【形态特征】

茎　株高30～70厘米，具横走的根状地下短茎。茎直立，单生或2～3个簇生，上部有上升或开展的分枝，被长伏毛。

叶　茎不同部位叶片形状不同。茎基部叶片通常较小，花期枯萎。茎中部叶长圆形、长圆状披针形或披针形，长4～13厘米，尖端稍尖，基部略狭窄，全缘或边缘有小尖头状疏齿，有的具圆形半抱茎的小耳，无柄，正面有疏毛或近无毛，背面有疏伏毛和腺点，中脉和侧脉有较密的长毛。上部叶渐狭小，线状披针形。

花　头状花序，直径2.5～4厘米，几个头状花序排列成疏散的伞房花序，花序梗细长。总苞半球形，直径1.3～1.7厘米，总苞片约5层，线状披针形，近等长，总苞不为密集的苞叶包围。舌状花黄色，舌片线形，长1～13厘米，管状花黄色，多数密集。

果实　瘦果，圆柱形，长约0.1厘米，有10条沟，顶端截形，被疏短毛。冠毛1层，白色，有20余个微糙毛。

山苦荬 *Ixeris chinensis* (Thunb.) Nakai

【别名】中华小苦荬、苦荬、小苦荬。

【英文名称】Chinese Lettuce

【生物学特性及危害】多年生草本，花果期4～10月。危害棉花、蔬菜、果园等，根芽及种子繁殖。

【形态特征】

茎　株高10～40厘米，根状茎短。茎丛生，全部茎枝无毛，茎叶折断后流出白色汁液。

叶　基生叶莲座状，倒披针形或条状披针形，长5～15厘米，基部下延成柄，全缘或具稀疏小齿或不规则羽裂。茎生叶2～4枚，基部稍扩大成耳状抱茎，无柄。全部叶两面无毛。

花　头状花序多个，再排列成稀疏的伞房花序。总苞圆筒形，长0.7～0.9厘米，外层苞片卵形，内层苞片条状披针形。花冠淡黄色或白色。

果实　瘦果，褐色，长圆形，长0.3～0.5厘米，稍扁，喙细丝状，冠毛白色。

【幼苗】子叶卵圆形，长约0.5厘米，具短柄。初生真叶1片，卵圆形，先端锐尖，基部楔形，叶缘有疏浅小牙齿，主脉明显，叶柄较长。

抱茎苦荬菜 *Ixeris sonchifolia* Hance

【别名】抱茎小苦荬、苦荬菜、苦碟子。

【英文名称】Sowthiotle-leaf Ixeris

【生物学特性及危害】多年生草本，花果期6～10月。旱田及果园杂草，种子繁殖。

【形态特征】

茎　株高20～50厘米，根状茎短。茎直立，上部分枝，有纵条纹，全部茎枝无毛。

叶　基生叶莲座状，长圆形或倒披针形，基部渐窄成柄，边缘有齿或不整齐羽状深裂，顶端裂片大，侧裂片4～7对。茎生叶椭圆形、卵形或披针形，长4～9厘米，先端急尖，基部扩大成心形抱茎，羽状浅裂或深裂，边缘具齿。

花　多数头状花序排成伞房状。总苞圆筒形，长0.5～0.6厘米，总苞片3层。舌状花黄色，顶端5裂。

果实　瘦果，黑色，纺锤形，长约0.2厘米，具多条纵棱，果喙长不足0.1厘米，冠毛白色。

【近似种识别要点】

山苦荬	茎生叶基部不抱茎或微抱茎
抱茎苦荬菜	茎生叶基部明显抱茎

蒙古鸦葱 *Scorzonera mongolica* Maxim.

【英文名称】Mongolian Serpentroot

【生物学特性及危害】多年生草本，花果期5～8月。适生于盐碱地及河滩等，果园或林地杂草，危害很轻，种子及根蘖繁殖。

【形态特征】

根　圆柱状，垂直直伸。

茎　株高10～30厘米。茎直立或铺散，多数，茎枝灰绿色，光滑无毛，茎基部被褐色或淡黄色的鞘状残遗。

叶　叶较厚，肉质，灰绿色，两面光滑无毛。基生叶长椭圆形或线状披针形，长4～10厘米，顶端渐尖，基部渐窄成柄；茎生叶披针形或线状长椭圆形，顶端尖，无柄，不扩大抱茎。

花　头状花序，单生或2个着生于茎端，含多枚舌状小花。总苞狭圆柱状，总苞片4～5层；外层小，卵形或宽卵形，长0.3～0.5厘米，顶端急尖；中层长椭圆形或披针形，长1.4～1.8厘米，顶端钝或稍渐尖，内层线状披针形，长约2厘米；全部总苞片外面无毛或被蛛丝状柔毛。舌状花黄色，少数为白色。

果实　瘦果，淡黄色，圆柱状，长0.5～0.7厘米，具多条纵棱。冠毛白色，羽毛状，长约2厘米。

苣荬菜 *Sonchus arvensis* L.

【别名】曲荬菜、甜苣菜。

【英文名称】Brachyotus Sowthiastle

【生物学特性及危害】多年生草本，花果期3～10月。是农田主要杂草，可危害小麦、玉米、棉花、油菜、蔬菜、果树等，局部地区危害严重，以根状地下茎和种子繁殖。

【形态特征】

茎　株高30～120厘米，根状地下茎极短。地上茎直立，有细条纹。

叶　基生叶多数。茎中下部叶倒披针形或长椭圆形，长6～20厘米，宽1.5～5厘米，基部渐窄成柄，叶片边缘有缺刻或羽状浅裂，极少深裂，侧裂片卵形、偏斜三角形、椭圆形或耳形，全部裂片边缘有小锯齿或无锯齿而有小尖头。茎上部叶及花序分枝上的叶披针形，较小。中部以上茎叶无柄，稍抱茎。所有叶片两面光滑无毛，中脉宽而明显。

花　头状花序，多个在茎枝顶端排成伞房花序。总苞钟状，长1～1.5厘米，苞片3层，总苞片顶端长渐尖，外面沿中脉有一行头状具柄的腺毛。舌状小花多数，黄色。

果实　瘦果，褐色，长椭圆形，稍压扁，长约0.3厘米，具5条纵棱。冠毛白色，柔软，常彼此缠绕，易脱落。

【幼苗】子叶倒卵形，全缘，先端微凹，具短柄。初生真叶1片，阔卵形，叶缘有疏细齿，具长柄，无毛，后面几片真叶两面被密毛。

苦苣菜 *Sonchus oleraceus* L.

【别名】苦菜、滇苦菜。

【英文名称】Common Sowthistle

【生物学特性及危害】一二年生草本，花果期5～12月。危害小麦、豆类、蔬菜、果园等，危害轻，种子繁殖。

【形态特征】

根　圆锥状，垂直直伸，有多数纤维状的须根。

茎　株高50～150厘米，茎单生，直立，有纵条棱或条纹，光滑无毛，或上部花序分枝及花序梗被稀疏的腺毛。

叶　基生叶形状多变，叶片不裂至羽状深裂，基部渐狭成翼柄。茎中下部叶椭圆形或倒披针形，长3～15厘米，宽2～7厘米，基部急狭成翼柄，柄基圆耳状抱茎，叶片羽状深裂或大头羽状深裂。上部叶先端长渐尖，边缘大部全缘或仅上半部全缘，下部宽大，基部半抱茎。全部叶或裂片边缘有大小不等的锯齿，两面光滑无毛。

花　头状花序，在茎枝顶端单生或排成紧密的伞房花序或总状花序。总苞宽钟状，长约1.5厘米，总苞片3～4层，覆瓦状排列，向内层渐长。舌状小花多数，黄色。

果实 瘦果，褐色，长椭圆形或卵状椭圆形，长约0.3厘米，压扁，每面各有3条纵肋，肋间有横皱纹，顶端窄，无喙。冠毛白色，柔软，常彼此缠绕。

【幼苗】 子叶阔卵形，长宽约0.4厘米，先端圆钝，具短柄。初生真叶1片，近圆形，叶缘具稀疏细齿，无毛，具长柄。后面几片真叶两面被柔毛，叶缘具细齿或粗齿。

【近似种识别要点】

苦苣菜	一二年生草本，无根状茎；茎中下部叶羽状深裂或大头羽状深裂；瘦果每面有3条细纵肋
苣荬菜	多年生，具根状茎；茎中下部叶边缘有缺刻或羽状浅裂，极少深裂；瘦果每面有5条细纵肋

蒲公英 *Taraxacum mongolicum* Hand.–Mazz.

【别名】 蒙古蒲公英、黄花地丁等。

【英文名称】 Mongolian Dandelion

【生物学特性及危害】 多年生草本，花果期4～10月。常见的路边杂草，可危害果园及树木苗圃等，危害较轻，种子及地下芽繁殖。

【形态特征】

根 圆柱状，黑褐色，粗壮。

叶 叶片倒卵状披针形或倒披针形，长3～20厘米，边缘有时具波状齿或羽状深裂，裂片间常夹生小齿。顶端裂片较大，侧裂片3～6对，裂片三角形，全缘或具齿，被稀疏蛛丝状白色柔毛或几乎无毛。叶片基部渐狭成叶柄。

花 头状花序，花葶1个至数个，与叶等长或稍长，密被蛛丝状白色长柔毛。花序直径2～4厘米，无托片。总苞钟状，长1～1.6厘米，总苞片2～3层；外层总苞片卵状披针形或披针形，边缘宽膜质，先端具角状突起；内层总苞片线状披针形，具小角状突起。小花舌状，黄色，舌片长约0.8厘米。

果实 瘦果，暗褐色，倒卵状披针形，长约0.4厘米，具纵棱，上部具小刺，下部具成行排列的瘤状突起，顶端具细长的喙。冠毛白色，长约0.6厘米。

【幼苗】子叶倒卵形，叶柄短。初生真叶1片，宽椭圆形，先端钝圆，基部楔形，边缘有细齿。

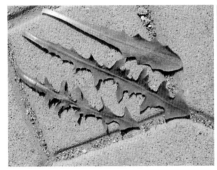

苍耳 *Xanthium sibiricum* Patrin ex Widder

【别名】老苍子、虱麻头、青棘子、苍子。

【英文名称】Siberian Cocklebur

【生物学特性及危害】一年生草本，花果期6～10月。多生于果园、河边、路旁荒地，主要危害果树、小麦、玉米、棉花、豆类等作物，局部地块危害较重，种子繁殖。

【形态特征】

茎　株高30～120厘米，直立，不分枝或少分枝，上部有纵沟，被灰白色毛。

叶　三角状卵形或心形，长4～10厘米，近全缘或有缺刻，先端尖或钝，基部近心形或截形，边缘具不规则的粗锯齿，正面绿色，背面苍白色，被毛，叶柄长3～11厘米。

花和果实　头状花序，雌雄异花同株。雄性花序球形，花多数，近无梗，着生于花序轴顶端。雌性花序椭圆形，着生于叶腋；外层总苞片小，披针形，被短柔毛；内层总苞片结合成囊状，宽卵形或椭圆形，在果实成熟时变坚硬，黄褐色，先端有两个喙，连同喙部长1.2～1.5厘

米，外面具钩状刺，刺细而直，长0.1～0.15厘米，基部微增粗或几不增粗。

【幼苗】子叶椭圆状披针形，全缘，长约2厘米，稍肉质，无毛。初生真叶2片，卵形，先端钝，基部楔形，叶缘有浅锯齿，具柄，密被茸毛。

藜　科

Chenopodiaceae

尖头叶藜 *Chenopodium acuminatum* Willd.

【别名】绿珠藜。

【英文名称】Acuminate Goosefoot

【生物学特性及危害】一年生草本，花果期6～10月。危害部分秋收作物及果园，种子繁殖。

【形态特征】

茎　株高20～100厘米。茎直立，具条棱及绿色或稍带紫红色的条纹，多分枝，分枝较细弱，斜升。

叶　卵形或卵状披针形，长2～4厘米，先端急尖或短渐尖，有短尖头，基部宽楔形、圆形或近截形，全缘并具半透明的环边，背面略有粉，灰白色。叶柄长1～2.5厘米。

花　团伞花序紧密，于枝上部排列成穗状或圆锥状花序，长于叶，花序轴具白色圆柱状毛束。花被扁球形，5深裂，裂片宽卵形，边缘膜质，并有红色或黄色粉粒，果期背面大多增厚合成五角星形。

果实　胞果，圆形或卵形，顶基扁，种子横生，黑褐色。

种子　直径约0.1厘米，有光泽。

【幼苗】子叶长圆状椭圆形，长0.6～0.8厘米，宽0.3～0.4厘米，具长柄。初生真叶近圆形。

藜 *Chenopodium album* L.

【别名】灰菜、落黎、灰条菜。

【英文名称】Lambsquarters

【生物学特性及危害】一年生草本，花果期5～10月。农田主要杂草，主要危害小麦、玉米、棉花、豆类、薯类、蔬菜、花生等旱作物及果园，种子繁殖。

【形态特征】

茎　株高40～150厘米，茎直立，粗壮，具条棱及绿色或紫红色条纹，多分枝，枝条斜升或开展。

叶　叶片菱状卵形至宽披针形，长3～6厘米，宽2.5～5厘米，先端急尖或微钝，基部楔形至宽楔形，叶背面略有粉，边缘具不整齐锯齿，两侧边缘不平行。具长叶柄。

花　花簇生于枝上部，排列成直立圆锥状花序。小花黄绿色，花被裂片5，卵圆形至椭圆形，背面具纵隆脊，边缘膜质。

果实和种子　果皮与种子贴生，种子横生，黑色，双凸镜状，直径0.1～0.15厘米，有光泽。

【幼苗】灰绿色，全株布满白色粉粒。子叶长椭圆形，长0.6～0.8厘米，肉质，叶背有白粉，具柄。初生真叶2片，三角状卵形，叶背被白粉，边缘呈波状。后生叶互生，三角状卵形，全缘或有钝齿。

灰绿藜 *Chenopodium glaucum* L.

【别名】翻白藜、小灰菜。

【英文名称】Oakleaf Goosefoot

【生物学特性及危害】一年生草本，花果期5～10月。农田主要杂草，蔬菜田危害重，种子繁殖。

【形态特征】

茎　株高10～40厘米，茎平卧或外倾，具条棱及绿色或紫红色色条，具分枝。

叶　叶片长圆状卵形至披针形，长1～4厘米，宽0.5～2厘米，肥厚，先端急尖或钝，基部渐狭，边缘具波状牙齿，叶柄长0.5～1厘米。叶正面无粉，平滑，中脉明显；背面被粉，灰白色或稍带紫红色。

花　数朵小花聚成团伞花序，再于分枝上排列成穗状或圆锥状花序，花序通常短于叶。花被裂片3～4，浅绿色，长不足0.1厘米，仅基部合生。

果实　胞果，顶端露出于花被外，果皮膜质，黄白色，种子横生、斜生及直立。

种子　暗褐色或黑色，扁球形，直径不足0.1厘米，表面有细点纹。

【幼苗】子叶狭披针形，长约0.6厘米，肉质，具柄。初生真叶2片，三角状卵形，全缘，叶背有白粉。后生叶椭圆形，叶缘有疏钝齿。

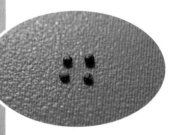

小藜 *Chenopodium serotinum* L.

【别名】小灰条、灰条菜。

【英文名称】Small Goosefoot

【生物学特性及危害】一年生草本，花果期5～10月。农田主要杂草，危害小麦、玉米、棉花、蔬菜、果树等，种子繁殖。

【形态特征】

茎　株高20～100厘米，茎直立，具条棱及绿色条纹，具分枝。

叶　叶片卵状长圆形，长2.5～5厘米，宽1～3厘米。通常三浅裂，中裂片两边近平行，先端钝或急尖并具短尖头，边缘具波状锯齿；

侧裂片位于中部以下，通常各具2浅裂齿。

花 花簇生于枝上部，排列成较开展的直立圆锥状花序。花被近球形，5深裂，裂片宽卵形，背面有密粉。

果实 胞果，包在花被内，种子横生，果皮与种子贴生。

种子 黑色，双凸镜状，直径约0.1厘米，有光泽，表面具六角形细洼。

【幼苗】 子叶线形，肉质，长约0.6厘米，具短柄。初生真叶2片，线形，基部楔形，全缘，具短柄。后生叶披针形，互生，先端急尖，边缘有不规则缺刻或疏齿，叶背密生白色粉粒。

【近似种识别要点】

灰绿藜	花被裂片3~4；叶背面被粉，灰白色或稍带紫红色
小藜	花被裂片5；叶明显三裂状，中裂片及侧裂片都有锯齿
藜	花被裂片5；叶片不裂，边缘具不整齐锯齿，两侧边缘不平行

地肤 *Kochia scoparia* (L.) Schrad.

【别名】扫帚菜、蒿蒿头、独扫帚。

【英文名称】Belvedere

【生物学特性及危害】一年生草本，花果期6～10月。秋作物田、果园及蔬菜田常见杂草，蔬菜田危害严重，种子繁殖。

【形态特征】

茎　株高50～100厘米，茎直立，淡绿色或带紫红色，具纵条棱，具分枝，开展。

叶　披针形或线状披针形，长2～5厘米，宽0.3～0.7厘米，全缘，先端渐尖，基部渐狭成短柄，通常有3条明显的主脉，边缘有疏生的锈色缘毛。茎上部叶较小，1条叶脉。

花　通常1～3个生于上部叶腋，组成疏穗状圆锥状花序，有时花下面具锈色长柔毛，花被近球形，淡绿色，花被裂片近三角形；翅状附属物三角形至倒卵形，膜质，边缘微波状或具缺刻。

果实　胞果，扁球形，果皮膜质，与种子离生。

种子　黑褐色，卵形，长约0.2厘米，稍有光泽。

【幼苗】子叶线形，长0.5～0.7厘米，宽约0.2厘米，无柄。除子叶外全体密生长柔毛。

猪毛菜 *Salsola collina* Pall.

【别名】猪毛樱、沙蓬、札蓬棵。

【英文名称】Common Russianthistle

【生物学特性及危害】一年生草本，花果期7～10月。农田常见杂草，危害大豆、小麦、棉花、花生、果园等，种子繁殖。

【形态特征】

茎　株高20～100厘米，茎自基部多分枝，分枝开展，茎和分枝上有白色或紫红色条纹，近无毛。

叶　叶片丝状半圆柱形，肉质，伸展或微弯曲，长2～5厘米，宽约0.1厘米，生短硬毛，叶顶端有小短尖，基部边缘膜质，稍扩展而下延。

花　穗状花序，生于枝条上部。苞片卵形，有刺状尖，苞片及小苞片紧贴花序轴。花被片卵状披针形，果时变硬，自背面中上部生鸡冠状突起，突起以上部分向中央折曲，紧贴果实。

【幼苗】子叶线状圆柱形，暗绿色，肉质，先端渐尖，基部抱茎，无柄。初生真叶2片，线形，肉质，有硬毛，顶端有小短尖，无柄。

碱蓬 *Suaeda glauca* (Bunge) Bunge

【别名】灰绿碱蓬、碱蒿子。

【英文名称】Common Seepweed

【生物学特性及危害】一年生草本，花果期7～9月。一般性杂草，可危害蔬菜、大豆、玉米、小麦、棉花等作物，危害较轻，种子繁殖。

【形态特征】

茎　株高可达1米。茎圆柱状直立，浅绿色，有条棱，上部多分枝，枝细长，斜伸。

叶　丝状半圆柱形，肉质，长1.5～5厘米，宽约0.1厘米，先端微尖，灰绿色，光滑无毛。

花　花单生或2～5朵簇生，大多着生于叶的近基部，总花梗和叶柄合并成短枝状，外观似花序着生在叶柄上。两性花花被杯状；

雌花花被近球形，花被裂片卵状三角形，果期增厚，使花被略呈五角星形。

果实 胞果，包在花被内，果皮膜质，种子横生或斜生。

种子 黑色，双凸镜形，直径约0.2厘米，周边钝或锐，表面具清晰的颗粒状点纹，稍有光泽。

【幼苗】 子叶线形，肉质，长约2.2厘米，宽约0.2厘米，先端有小刺尖，无柄。初生真叶1片，形状与子叶相同，光滑。

蓼　科

Polygonaceae

高山蓼 *Polygonum alpinum* All.

【英文名称】Alpine Knotweed

【生物学特性及危害】多年生草本，花果期6～8月，主要分布于海拔较高的地区。

【形态特征】

茎　株高40～100厘米，茎直立，自中上部分枝，具纵沟。

叶　无基生叶，茎生叶卵状披针形，长3～9厘米，宽1～3厘米，先端尖，基部楔形，全缘，两面被短柔毛，叶柄长0.5～1厘米。托叶鞘膜质，褐色，开裂。

花　圆锥状花序，顶生，分枝开展，无毛，花两性。苞片卵状披针形，膜质，每苞内具2～4花。花梗细弱，长约0.2厘米，比苞片长，顶端具关节。花被白色，5深裂，花被片椭圆形，长0.2～0.3厘米。

果实　瘦果，黄褐色，卵状三棱形，长0.4～0.5厘米，有光泽，超出宿存花被。

萹蓄 *Polygonum aviculare* **L.**

【别名】鸟蓼、地蓼、猪芽菜、扁竹、竹鞭菜、竹节草。

【英文名称】Common Knotgrass

【生物学特性及危害】一年生草本，花果期5～8月。喜湿润，主要危害麦类、蔬菜、果树等作物，局部麦田危害较重，种子繁殖。

【形态特征】

茎　株高10～40厘米，茎平卧、斜展或直立，自基部多分枝，具细纵棱。

叶　椭圆形或披针形，大小不等，长1～3厘米，宽0.5～1.2厘米，先端钝圆或急尖，基部楔形，全缘，两面无毛，侧脉明显。叶柄短或近无柄，基部具关节。托叶鞘膜质，下部褐色，上部灰白色，撕裂，脉明显。

花　花单生或数朵簇生于叶腋，遍布于全株。花梗短，顶部具关节。花被5深裂，裂片椭圆形，长约0.2厘米，绿色，边缘白色或淡红色。

果实　瘦果，黑褐色，卵形，长约0.3厘米，具3棱，密被由小点组成的细条纹，无光泽。

【幼苗】子叶线形，长1～1.5厘米，宽约0.2厘米，基部联合，无毛。初生真叶1片，宽披针形，先端略尖，基部楔形，全缘，无托叶鞘。后生叶与初生真叶相似，叶柄基部有关节，有透明膜质的托叶鞘。

卷茎蓼 *Polygonum convolvulus* L

【别名】荞麦蔓、野荞麦。

【英文名称】Black Bindweed, Climbing Buckwheat, Convolvulate Knotweed

【生物学特性及危害】一年生缠绕草本，花果期4～10月。危害麦类、玉米及果园，局部地区危害严重，种子繁殖。

【形态特征】

茎　茎长50～150厘米，缠绕，自基部分枝，分枝纤细，具不明显纵棱，粗糙。

叶　叶卵形、心形或卵状三角形，长2～6厘米，宽2～4厘米，先端渐尖，基部心形，全缘，两面无毛，叶缘及被面沿叶脉具小突起。叶柄长0.5～5厘米，叶柄粗糙。托叶鞘膜质，长约0.4厘米，偏斜，无缘毛。

花　花序穗状，腋生，花稀疏间断，花序梗细弱。苞片长卵形，顶端尖，每苞具2～4花。花梗细弱，比苞片长，中上部具关节。花被5深裂，淡绿色具白边，花被片长椭圆形，外面3片背部具龙骨状突起或狭翅，果时稍增大。

果实　瘦果，椭圆形，具3棱，长约0.3厘米，黑色，无光泽，包于宿存花被内。

水蓼 *Polygonum hydropiper* L.

【别名】水马蓼、辣蓼、辣草。

【英文名称】Marshpepper Smartweed

【生物学特性及危害】一年生草本，花果期5～10月。夏收作物田、水稻田及苇田杂草，苇田危害严重，种子繁殖。

【形态特征】

茎　株高20～100厘米，茎直立，多分枝，无毛，节部膨大。

叶　披针形或椭圆状披针形，长4～8厘米，宽0.5～2.5厘米，先端渐尖，基部楔形，全缘，具缘毛，两面无毛，有时沿中脉具短硬伏毛，具辛辣味，叶柄长0.4～0.8厘米。托叶鞘筒状，膜质，疏生短硬伏毛，顶端截形，具短缘毛。

花　总状花序呈穗状，顶生或腋生，长3～8厘米，通常下垂，花稀疏，下部间断。苞片漏斗状，绿色，边缘膜质，疏生短缘毛。花被5深裂，绿色，上部白色或淡红色，被透明腺点，花被片椭圆形，长约0.3厘米。

果实　瘦果，黑褐色，卵形，具3棱，密被小点，无光泽。

【幼苗】全株光滑无毛。子叶宽卵形，长约0.6厘米，先端钝圆，具柄。初生真叶1片，倒卵形，基部楔形，有1条红色中脉，具叶柄，托叶鞘筒状。

酸模叶蓼 *Polygonum lapathifolium* L.

【别名】大马蓼、旱苗蓼、斑蓼、柳叶蓼、水红花。

【英文名称】Dockleaved Knotweed

【生物学特性及危害】一年生草本，花果期6～9月。一般性杂草，可危害小麦、水稻等作物，种子繁殖。

【形态特征】

茎　株高30～100厘米。茎直立，具分枝，无毛，节部膨大。

叶　叶长圆形至披针形，长4～15厘米，宽1.5～3厘米，先端尖，基部楔形，正面绿色，常有一个大的黑褐色新月形斑点，全缘，两面沿中脉被短硬伏毛，边缘具粗缘毛。叶柄短，具短硬伏毛。托叶鞘筒状，膜质，长0.6～2厘米，顶端截形，具长缘毛。

花　数个花穗组成圆锥状花序，近直立，花紧密，花序梗被腺体。花被淡红色或白色，4或5深裂。

果实　瘦果，黑褐色，宽卵形，长0.2～0.3厘米，双凹，有光泽。

【幼苗】子叶长卵形，长约1厘米，背面紫红色。初生真叶1片，长椭圆形，叶正面具黑斑，叶背面被绵毛。

红蓼 *Polygonum orientale* L.

【别名】红草、东方蓼、水红花、大蓼、天蓼。

【英文名称】Prince's Feather

【生物学特性及危害】一年生草本，花果期6～10月。为常见的秋收作物田、芦苇田及林地杂草，危害水稻、林木、芦苇等，芦苇田危害

较重，种子繁殖。

【形态特征】

茎　株高1～2米，茎直立，粗壮，上部多分枝，密被长柔毛，节膨大。

叶　宽卵形或卵状披针形，长8～20厘米，宽5～12厘米，先端渐尖，基部圆形或近心形，全缘，密生缘毛，叶两面具柔毛。叶柄长2～10厘米，基部无关节具较长柔毛。托叶鞘筒状，膜质，具缘毛。

花　数个花穗组成圆锥状花序，顶生或腋生，长2～7厘米，花紧密，微下垂。苞片宽漏斗状，绿色，边缘具缘毛，每苞内具1～5花。花被5深裂，淡红色或粉红色。

果实　瘦果，黑褐色，近圆形，双凹，直径约0.3厘米，有光泽。

西伯利亚蓼 *Polygonum sibiricum* Laxm.

【英文名称】Siberian Knotweed

【生物学特性及危害】多年生草本，花果期6～9月。常生于盐碱地，危害较轻，种子及根茎繁殖。

【形态特征】

茎　株高10～30厘米，具细长根状茎。地上茎直立或斜升，自基部或下部分枝，无毛。

叶　长椭圆形或披针形，无毛，长2～13厘米，宽0.5～1.5厘米，先端急尖或钝，基部戟形或楔形，全缘，具柄，无毛。托叶鞘筒状，膜质，无毛，开裂。

花　圆锥状花序，顶生，花排列较稀疏，通常间断，两性。苞片漏斗状，无毛，通常每1苞片内具4～6朵花，花梗短，上部具关节。花被黄绿色，5深裂，花被片长圆形，长约0.3厘米。

果实 瘦果，黑色，卵形，有光泽，具3棱，包于宿存的花被内或凸出。

【近似种识别要点】

高山蓼	苞片卵状披针形，叶基部常宽楔形
西伯利亚蓼	苞片漏斗状，叶基部戟形

齿果酸模 *Rumex dentatus* L.

【别名】土大黄、牛蛇棵子、齿果羊蹄、野甜菜。

【英文名称】Toothedfruit Dock

【生物学特性及危害】一年生草本，花果期4～7月。喜生于潮湿的地方。为常见的蔬菜地、果园及荒地杂草，种子繁殖。

【形态特征】

茎　株高20～70厘米，茎直立，自基部多分枝，枝斜升，具浅沟槽。

叶　茎下部叶长圆形或长椭圆形，长4～12厘米，宽1.5～3厘米，先端圆钝或急尖，基部圆形或近心形，边缘浅波状，无毛。茎上部叶较小，叶柄长1.5～5厘米。

花　总状花序，顶生和腋生，由数个再组成圆锥状花序，长达35厘米，花轮状排列，花轮间断。花两性，花梗中下部具关节。花被2轮，6片，内花被片果期增大，三角状卵形，长约0.4厘米，具小瘤状突起，边缘每侧具2～4个刺状齿。

果实　瘦果，黄褐色，卵形，具3锐棱，长约0.2厘米，两端尖，有光泽。

【幼苗】子叶长卵形，长约0.8厘米，基部近圆形，具长柄。初生真叶1片，阔卵形，先端钝圆，基部圆形，表面有稀疏的红色斑点；具长柄，托叶鞘膜质，呈杯状。

羊蹄　*Rumex japonicus* Houtt.

【别名】土大黄。

【英文名称】Japanese Dock

【生物学特性及危害】多年生草本，花果期5～8月。果园、林地及荒地杂草，种子繁殖。

【形态特征】

茎　株高50～120厘米，直立，分枝或不分枝，具沟槽。

叶　基生叶长圆形或长椭圆形，长8～25厘米，宽3～10厘米，顶端具短尖，基部圆形或心形，边缘波状；茎上部叶狭长圆形。叶柄长1～12厘米，托叶鞘膜质，易破裂。

花　圆锥花序顶生，多花轮生，花两性。花梗细长，向下弯曲，中下部具关节。花被片6，淡绿色，外花被片椭圆形，长0.15～0.2厘米，内花被片果期增大，宽心形，长0.4～0.5厘米，顶端渐尖，基部心形，基部具不整齐的小齿，全部具小瘤。

　　果实　瘦果，暗褐色，宽卵形，长约0.25厘米，两端尖，具3锐棱，有光泽。

　　【幼苗】全株光滑无毛。子叶棒状，长约1.2厘米，宽约0.5厘米。初生真叶1片，阔卵形，有1条明显主脉，侧脉网状，具长柄；托叶鞘膜质，鞘口裂齿状。

　　【近似种识别要点】

羊蹄	多年生，内花被片果期边缘具不整齐小齿，不具针刺
齿果酸模	一年生，内花被片果期边缘每侧具2～4个刺状齿

列 当 科

Orobanchaceae

弯管列当 *Orobanche cernua* Loefling

【别名】二色列当、欧亚列当、向日葵列当、兔子拐棍、独根草。

【英文名称】Curve-corolla Tube Broomrape

【生物学特性及危害】一年生、二年生或多年生寄生草本，花果期5～9月。危害向日葵、烟草、番茄、亚麻等，主要以种子繁殖。

【形态特征】

根　具多分枝的肉质根。

茎　株高15～40厘米，全株密被腺毛。茎圆柱状，不分枝，直径0.6～1.5厘米。

叶　鳞片状，三角状卵形或卵状披针形，长1～1.5厘米，宽0.5～0.7厘米，密被腺毛。

花　穗状花序，长5～30厘米，具多数花。苞片卵形或卵状披针形，短于花，宽0.5～0.6厘米，无小苞片。花萼钟状，长1～1.2厘米，2深裂至基部或近基部，裂片顶端常2浅裂，极少全缘。花冠唇形，膝状弯曲，长1～2.2厘米，花丝着生处明显膨大；上唇2浅裂，下唇稍短于上唇，3裂，裂片淡紫色或淡蓝色，近圆形，边缘不规则地浅波状或具小圆齿。雄蕊4枚，花丝长0.6～0.8厘米，无毛，子房卵状长圆形。

果实　蒴果，干后深褐色，长圆形，长1～1.2厘米，直径0.5～0.7厘米。

种子　长椭圆形，长约0.05厘米，表面具网状纹饰。

萝 藦 科

Asclepiadaceae

鹅绒藤 *Cynanchum chinense* R. Br.

【别名】祖子花。

【英文名称】Chinege Swallowwort

【生物学特性及危害】多年生缠绕草质藤本，花果期6～11月。在棉花、小麦、玉米、果园等旱作物田常见，果园及林地发生较多，种子及根芽繁殖。

【形态特征】

根　主根圆柱状，干后灰黄色。

茎　缠绕，全株具短茸毛。

叶　对生，三角状心形，长4～9厘米，宽4～7厘米，先端锐尖，基部心形，正面深绿色，背面灰绿色，两面均被短柔毛；侧脉约10对，在叶背略微隆起，具柄。

花　伞形聚伞花序，腋生，花约20朵。花冠白色，裂片5，长圆状披针形，两面无毛。副花冠杯状，上端裂成10个丝状体。

　　果实　蓇葖果双生或仅有1个发育，角状细圆柱形，向端部渐尖，长约11厘米，直径约0.5厘米。

　　种子　长圆形，顶端具较长的白色绢毛。

　　【幼苗】子叶长圆形，长约1.8厘米，宽约0.6厘米，具短柄。初生真叶三角状卵形，先端锐尖，基部圆形或近截形。

地梢瓜 *Cynanchum thesioides* (Freyn) K. Schum.

　　【别名】地梢花、女青。

　　【英文名称】Bastardtoadflaxlike Swallowwort

　　【生物学特性及危害】多年生直立或半直立草本，花果期6～10月。旱作物田、果园及林地常见，根状地下茎或种子繁殖，种子萌发的实生苗少。

【形态特征】

茎　株高15～25厘米。茎细弱，自基部多分枝，被柔毛。

叶　对生，线形，长3～6厘米，宽0.2～0.5厘米，先端渐尖，基部楔形，中脉在叶背隆起，叶柄长约0.2厘米。

花　伞形聚伞花序，腋生，具3～9朵花。花冠白绿色，裂片5，副花冠杯状。

果实　蓇葖果，纺锤形，先端渐尖，中部膨大，长5～6厘米，直径约1.5～3厘米。

种子　暗褐色，卵形，扁平，长约0.8厘米，顶端具较长的白色绢毛。

萝藦 *Metaplexis japonica* (Thunb.) Makino

【别名】赖瓜瓢、天将壳、飞来鹤。

【英文名称】Japanese Metaplexis

【生物学特性及危害】多年生草质缠绕藤本，花果期7～11月。喜潮湿耐干旱，为果园、林地及芦苇田常见杂草，芦苇田危害较重，以根芽和种子繁殖。

【形态特征】

茎　缠绕，长可达3米以上，具乳汁，下部木质化，上部较柔韧，幼时密被短柔毛。

叶　叶对生，卵状心形或长卵状心形，长5～12厘米，宽4～7厘米，先端短渐尖，基部心形，正面绿色，背面灰绿色，两面无毛或幼时被微毛。叶柄长2～6厘米，顶端具丛生腺体。叶耳圆，两叶耳展开或紧接。

花　总状聚伞花序，腋生或腋外生，总花梗长6～12厘米，被短柔毛，通常有13～15朵花，花梗长约0.8厘米，被短柔毛。小苞片膜质，披针形。花蕾圆锥状，顶端尖。花冠白色或粉白色，具淡紫红色斑纹，花冠5裂，裂片披针形，顶端反折，内面被柔毛，副花冠环状。

果实　蓇葖果，长卵形，叉生，长8～10厘米，直径约2～4厘米，顶端急尖，基部膨大，平滑无毛。

　　种子　褐色，卵圆形，扁平，长约0.5厘米，宽约0.3厘米。顶端具白色绢质种毛，长约1.5厘米。

　　【幼苗】子叶长椭圆形，长约1.5厘米，宽约0.7厘米，先端钝圆，基部圆形，全缘，叶脉羽状，具叶柄。初生真叶2片，对生，卵形，先端急尖，基部钝圆，具长柄。

　　【近似种识别要点】

鹅绒藤	叶三角状心形；果实为角状细圆柱形，向端部渐尖，长约11厘米
萝藦	叶卵状心形或长卵状心形；果实长卵形，叉生，长8~10厘米，直径约2~4厘米，顶端急尖，基部膨大

马 齿 苋 科

Portulacaceae

马齿苋 *Portulaca oleracea* L.

【**别名**】马齿菜、马蛇子菜、马菜。

【**英文名称**】Purslane

【**生物学特性及危害**】一年生肉质草本，花果期5～10月。农田重要杂草，主要危害玉米、棉花、豆类、薯类、花生、蔬菜等，种子繁殖。

【**形态特征**】

茎　全株肉质，光滑无毛。平卧或斜升，多分枝，圆柱形，淡绿色或暗红色。

叶　互生或近对生，叶片扁平，肥厚，倒卵形，长1～3厘米，宽0.5～1.5厘米，先端圆钝或平截，有时微凹，基部楔形，全缘，正面暗绿色，背面淡绿色或带暗红色，两面无毛，叶柄短粗。

花　花无梗，直径0.4～0.5厘米，常3～5朵簇生枝端。苞片2～6片，叶状，膜质，近轮生。花萼2片，顶端急尖，背部具龙骨状凸起，基部合生。花瓣5，黄色，倒卵形，先端凹，基部合生。

果实　蒴果，卵球形，长约0.5厘米，盖裂。

种子　黑褐色，偏斜球形，直径不足0.1厘米，多数，有光泽，具小疣状凸起。

【幼苗】全株光滑无毛，肉质。子叶卵形至椭圆形，先端钝圆，基部宽楔形，肥厚，带红色，具短柄。初生真叶2片，对生，倒卵形，基部楔形，边缘具波状红色狭边，具短柄。

土人参 *Talinum paniculatum* (Jacq.) Gaertn.

【别名】水人参、土洋参。

【英文名称】Panicled Fameflower

【生物学特性及危害】一年生或多年生草本，花果期6～11月。

【形态特征】

根　主根粗壮，圆锥形，似人参。

茎　全株无毛，株高30～100厘米。茎直立，上部肉质，基部近木质，圆柱形，具分枝。

叶　互生或近对生，叶片稍肉质，倒卵形，长5～7厘米，宽2.5～4厘米，顶端急尖，有时微凹，基部狭楔形，全缘，叶柄短，光滑无毛。

　花　圆锥花序，顶生或腋生，常二叉状分枝，花序梗长。花小，直径约0.6厘米。总苞片绿色或红色，圆形，长约0.3厘米，顶端圆钝。萼片卵形，紫红色，早落。花瓣粉红色或淡紫红色，花瓣5个，长椭圆形或倒卵形，长0.6～1.2厘米，顶端圆钝。

　果实　蒴果，近球形，直径约0.4厘米，成熟后3瓣裂，种子多数。

　种子　黑褐色，扁圆形，有光泽，直径约0.1厘米，具种阜。

【幼苗】全株光滑无毛。子叶卵形或倒卵形，有短柄。初生真叶2片，卵形，长1～1.2厘米，绿色，全缘，叶柄长1～1.5厘米，中脉明显。

牻牛儿苗科

Geraniaceae

牻牛儿苗 *Erodium stephanianum* **Willd.**

【别名】太阳花、老鸭嘴。

【英文名称】Common Heron's Bill

【**生物学特性及危害**】多年生草本，花果期6～9月。果园、路埂常见，偶尔侵入麦田或秋收作物田，种子繁殖。

【**形态特征**】

根 直根，分枝少，较粗壮。

茎 株高15～50厘米。茎多数，斜生、仰卧或蔓生，具节，被柔毛。

叶 对生。基生叶和茎下部叶具长柄，叶柄长为叶片的1.5～2倍，具柔毛；叶长5～10厘米，宽3～5厘米，二回羽状深裂，小裂片卵状条形，全缘或具疏齿，被毛。托叶三角状披针形，分离，被疏柔毛，边缘具缘毛。

花 伞形花序，腋生，明显长于叶。总花梗被柔毛，具2～5朵花。苞片披针形，分离。花梗等于或稍长干花。花辐射对称，萼片长圆状卵形，长0.6～0.8厘米，宽0.2～0.3厘米，先端具长芒，被长糙毛。花瓣紫红色，倒卵形，等于或稍长于萼片，先端圆形或微凹。

果实 蒴果，长约4厘米，密被短糙毛，具喙，成熟时开裂，果瓣由基部向上呈螺旋状卷曲，内面具长糙毛。

种子 褐色，具斑点。

【幼苗】子叶阔卵形，长约1.5厘米，宽约1.1厘米，先端微凹，边缘及上面密布腺毛，有1条中脉，具长柄。初生真叶1片，卵圆形，羽状深裂，裂片具不规则粗齿，两面近无毛，叶脉明显，具长柄，柄上密被腺毛。

毛 茛 科

Ranunculaceae

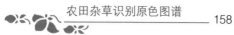

茴茴蒜 *Ranunculus chinensis* Bunge

【英文名称】Chinese Buttercup

【生物学特性及危害】一年生草本，花果期5～9月。适生于潮湿环境，为水田边常见杂草，危害轻。

【形态特征】

根　须根多数，簇生。

茎　株高20～70厘米，茎直立，有纵条纹，分枝多，密生淡黄色糙毛。

叶　基生叶与茎下部叶为三出复叶，叶片宽卵形至三角形，长3～8厘米，叶柄可长达12厘米；小叶2～3深裂，上部有不等的粗齿或缺

刻，顶端尖，小叶柄长1~2厘米；叶片两面及叶柄有糙毛。茎上部叶较小，3全裂，裂片有粗齿或再分裂。

花　花序有较多疏生的花，花梗贴生糙毛。花直径0.6~1.2厘米，萼片狭卵形，花瓣5，宽卵圆形，黄色或正面白色，基部有短爪，蜜槽有卵形小鳞片。花托在果期显著伸长，达1厘米，圆柱形，密生白短毛。

果实　聚合果，长圆形，直径0.6~1厘米。瘦果，扁平，长约0.3厘米，为厚的5倍以上，光滑，边缘具窄棱。

【幼苗】子叶阔卵形，先端微凹，全缘，叶脉羽状，有长柄。初生真叶1片，掌状3浅裂，叶柄基部两侧有膜质半透明边缘。

石龙芮 *Ranunculus sceleratus* L.

【别名】假芹菜、鬼见草。

【英文名称】Poisonous Buttercup

【生物学特性及危害】一年生草本，花果期5~8月。适生于沟边、河边及其他潮湿的地方，为水田、菜地及路埂常见杂草，种子繁殖。

【形态特征】

根　须根，簇生。

茎　株高10~50厘米，茎直立，上部多分枝，具多数节，下部节有时生不定根，无毛或疏生柔毛。

叶 基生叶和下部叶肾状圆形至卵形，长1～4厘米，宽1.5～5厘米，顶端钝圆，基部心形，掌状3深裂或全裂，裂片倒卵状楔形；叶柄长3～15厘米，近无毛。上部叶较小，3全裂，裂片披针形至线形，全缘，先端钝圆，基部扩大成膜质宽鞘抱茎，无毛。

花 聚伞花序，花多数，花直径0.4～0.8厘米。花瓣5片，黄色，蜜槽呈棱状袋穴，花梗长1～2厘米，无毛。花托在果期显著增大，圆柱形，具短柔毛。

果实 聚合果，长圆形，长0.8～1.2厘米，为宽的2～3倍。瘦果极多数，紧密排列，倒卵球形，稍扁，长约0.1厘米，宽为厚的1～3倍，有细皱纹，喙短呈点状，无毛。

【幼苗】 全株光滑无毛。子叶近圆形或阔卵形，直径约0.25厘米，叶脉不明显，具短柄。初生真叶掌状3浅裂，无明显叶脉，具长柄。后生叶由掌状8浅裂递变为3深裂。

【近似种识别要点】

茴茴蒜	基生叶与茎下部叶为三出复叶，小叶2～3深裂；瘦果扁平
石龙芮	基生叶和下部叶掌状3深裂或全裂；瘦果卵球形

木 贼 科

Equisetaceae

问荆 *Equisetum arvense* L.

【别名】 毛头草、土麻黄、马草、接骨草。

【英文名称】 Field Horsetail

【生物学特性及危害】 中小型蕨类植物，多年生草本。危害小麦、玉米、向日葵、马铃薯等作物及果园，以根状茎繁殖为主，也可进行孢子繁殖。

【形态特征】

根状茎长，横走。地上枝分为能育孢子茎和不育营养茎两种类型。春季孢子茎先萌发，高5～35厘米，黄棕色，无轮茎分枝，有密纵沟；鞘筒栗棕色或淡黄色，长约0.8厘米，鞘齿9～12个；孢子囊穗顶生，椭圆形，顶端钝，成熟时柄长3～6厘米，孢子成熟后孢子茎枯萎。不育营养茎后萌发，株高可达40厘米，绿色，轮生分枝多，具纵棱；叶退化成鞘，鞘筒狭长，绿色，鞘齿披针形或三角形，中间黑褐色，边缘膜质，不脱落。

千 屈 菜 科

Lythraceae

多花水苋 *Ammannia multiflora* Roxb.

【英文名称】Manyflower Ammannia

【生物学特性及危害】一年生草本，花果期7～9月。生于湿地或稻田，种子繁殖。

【形态特征】

茎 株高8～65厘米。茎直立，多分枝，茎上部略具4棱。

叶　对生，长椭圆形，长1～2.5厘米，宽0.2～0.8厘米，先端渐尖，茎下部叶基部渐狭，中部以上叶基部通常耳形或稍圆形，抱茎。

花　二歧聚伞花序，腋生，花多数，总花梗纤细，长约0.2厘米。萼筒钟状，长约0.15厘米，具4萼齿。花瓣4片，紫红色，倒卵形，小且早落。

果实　蒴果，球形，直径约0.15厘米，成熟时暗红色。

茜 草 科
Rubiaceae

猪殃殃 *Galium aparine* L. var. *tenerum* (Gren. et Godr.) Rchb.

【英文名称】Tender Catchweed Bedstraw

【生物学特性及危害】一二年生草质藤本，花果期4～9月。夏收作物田恶性杂草，部分地区麦田发生重，危害大，种子繁殖。

【形态特征】

茎　柔弱，分枝多，缠绕在其他植物上。茎四棱形，棱上具倒生的小刺毛。

叶　6～8片叶轮生，少数为4～5片轮生，线状倒披针形或长圆状倒披针形，长1～5厘米，先端有凸尖头，基部渐狭，叶两面、叶缘、叶中脉上均有小刺毛，几乎无柄。

花 聚伞花序，腋生或顶生，直立。花小，有纤细的花梗，花冠辐状，4裂，黄绿色或白色。

果实 球形，成熟后褐色，密生钩状刺毛，有1或2个近球形的分果爿，被毛。

【幼苗】 子叶卵圆形，长约0.7厘米，全缘，先端钝，具较长柄。初生真叶4片，轮生，阔卵形，先端钝尖，基部宽楔形。

茜草 *Rubia cordifolia* L.

【英文名称】India Madder

【生物学特性及危害】多年生草质攀援藤本，花果期8～11月。旱作物田及果园常见杂草，种子及根状地下茎繁殖。

【形态特征】

茎　根状地下茎红色。茎多条，细弱，具4棱，棱上有倒生皮刺，多分枝。

叶　4～6片叶轮生，披针形或长圆状披针形，长0.7～3.5厘米，先端渐尖，基部心形，两面粗糙，掌状基出脉3～5条，叶柄长1～2.5厘米或更长，叶缘、叶脉及叶柄上具皮刺。

花　聚伞花序，腋生或顶生，多回分枝，花多数，花序和分枝均细瘦，有微小皮刺。花冠黄白色，具梗，花冠裂片5个，近卵形，外面无毛。

果实　球形，直径0.4～0.5厘米，光滑无毛，成熟时橘红色。

【幼苗】子叶不出土。初生真叶4片，轮生，叶片卵状披针形，长约0.5厘米，先端渐尖，基部近圆形，正面有短毛，具短柄或近无柄。

蔷 薇 科

Rosaceae

朝天委陵菜 *Potentilla supina* L.

【别名】野香菜、仰卧委陵菜、伏枝委陵菜。

【英文名称】Carpet Cinquefoil

【生物学特性及危害】一二年生草本，花果期5～10月。旱地及果园常见杂草，危害小麦、棉花、蔬菜、花生、果树等，种子繁殖。

【形态特征】

茎　平展、上升或直立，多分枝，长10～50厘米，被稀疏柔毛或无毛。

叶　基生叶为羽状复叶，小叶7～13片，互生或对生，小叶片长圆形或倒卵形，长0.8～2.5厘米，宽0.5～1.5厘米，先端圆钝，基部楔形，边缘有锯齿，具长柄，正面无毛，背面被稀疏柔毛或无毛。茎生叶与基生叶相似，上部小叶较少，叶柄短或近无柄。

花　花单生于叶腋，花梗0.8～1.5厘米，常密被短柔毛。萼片三角卵形，花直径0.6～0.8厘米，花瓣5个，黄色，倒卵形，顶端微凹。

果实　瘦果，卵圆形，表面具脉纹。

【幼苗】子叶近圆形，长约0.4厘米，先端微凹，基部心形，叶柄紫红色，长约0.5厘米。初生真叶1片，近圆形或卵形，先端具齿，叶柄紫红色。

地榆 *Sanguisorba officinalis* L.

【别名】一支箭、小紫草。

【英文名称】Garden Burnet

【生物学特性及危害】多年生草本，花果期7～10月。果园及路边杂草，发生危害轻，地下芽及种子繁殖。

【形态特征】

根　粗壮，多呈纺锤形，少数为圆柱形。

茎　株高30～120厘米。茎直立，有棱，无毛。

叶　羽状复叶，基生叶小叶4～6对，小叶片有短柄，卵形或长圆状卵形，长1～6厘米，宽0.8～3厘米，先端圆钝，基部心形，边缘有粗大的锯齿，无毛。茎生叶较少，小叶片有短柄或近无柄，长圆形至长圆状披针形，先端急尖，基部心形至圆形；茎生叶托叶大，半卵形，外边缘有尖锯齿。

花　穗状花序，圆柱形或卵球形，直立，长1～3厘米，花序梗光滑或有稀疏腺毛。苞片披针形，先端尖，比萼片短或近等长，背面及边缘有毛。萼片4，紫红色，椭圆形至宽卵形，背面被疏柔毛。无花瓣。

果实　瘦果，褐色，包藏于宿存萼筒内，外面有棱。

茄　科

Solanaceae

毛曼陀罗 *Datura innoxia* **Miller.**

【英文名称】Hairy Datura

【生物学特性及危害】一年生草本或半灌木状，花果期6～11月。路边、荒地及果园杂草，主要危害果树及林木等，种子繁殖。

【形态特征】

茎　高1～2米，茎粗壮，全株密被短柔毛。

叶　阔卵形，长10～18厘米，宽4～15厘米，顶端尖，基部不对称近圆形，全缘而微波状或具不规则的疏齿，侧脉明显，每边7～10条，具叶柄。

花　花单生于枝叉间或叶腋，直立或斜升。花梗长1～2厘米，初期直立，后期向下弯曲。花萼圆筒状，不具棱角，长6～10厘米，直径2～3厘米，5裂，花后宿存部分随果实增大而渐大呈五角形。花冠长漏斗状，长8～20厘米，直径5～10厘米，下半部淡绿色，上部白色，边缘具10尖头。

果实　蒴果，俯垂，近球状或卵球状，直径3～4厘米，密生细针刺，全果亦密被白色柔毛，成熟后淡褐色，近顶端不规则开裂。

种子　扁肾形，褐色，长约0.5厘米。

曼陀罗 *Datura stramonium* L.

【别名】万桃花、洋金花、野麻子等。

【英文名称】Jimsonweed

【生物学特性及危害】一年生草本或半灌木状，花果期6～11月。路边、荒地及果园常见杂草，主要危害棉花、果树及林木等，种子繁殖。

【形态特征】

茎　株高40～180厘米，茎粗壮，圆柱状，淡绿色或紫色，下部木质化。

叶　阔卵形，长8～17厘米，宽4～12厘米，先端渐尖，基部不对称楔形，边缘有不规则波状浅裂，裂片顶端急尖，有时具齿，叶柄长3～5厘米。

花　单生于枝叉处或叶腋，直立，有短梗。花萼筒状，长4～5厘米，有5棱角，顶端5浅裂。花冠漏斗状，长6～10厘米，直径3～5厘米，下半部淡绿色，上部白色或淡紫色，5浅裂，裂片有短尖头。

果实　蒴果，卵状，长3～4.5厘米，直径2～3.5厘米，直立生，表面具坚硬针刺或有时无刺，成熟后淡黄色，规则4瓣裂。

种子　黑色，卵圆形，稍扁，长约0.4厘米。

【幼苗】子叶披针形，长约2厘米，先端渐尖，基部楔形，具短柄。初生真叶1片，长卵形或披针形，全缘，具短柄。

【近似种识别要点】

曼陀罗	全株无毛或近无毛
毛曼陀罗	全株密被短柔毛

枸杞 *Lycium chinense* Mill.

【别名】枸杞菜、红珠仔刺等。

【英文名称】Chinese Wolfberry

【生物学特性及危害】落叶小灌木，花果期6～11月。人工栽培种，少数逸生为路边及果园杂草，危害轻，种子繁殖。

【形态特征】

茎　株高50～100厘米，栽培时可达2米多。枝条细弱，弓状弯曲或下垂，淡灰色，有纵条纹，小枝顶端锐尖成棘刺状。

叶　单叶互生或2～4枚簇生，卵形至卵状披针形，长1.5～5厘米，宽0.5～2.5厘米，先端急尖，基部楔形，叶柄长0.4～1厘米。

花　长枝上花单生、双生于叶腋，在短枝上多朵同叶簇生。花梗长1～2厘米，向顶端渐增粗。花萼钟形，常3～5裂。花冠漏斗状，淡紫色，5深裂，裂片近等长于筒部，具缘毛。雄蕊比花冠稍短，花丝近基部具茸毛丛。

果实　浆果，成熟时红色，卵状，长0.7～1.5厘米，栽培时果实较大。

种子　黄色，扁肾形，长约0.3厘米。

苦蘵 *Physalis angulata* L.

【别名】灯笼草、灯笼泡、天泡草。

【英文名称】Cutleaf Groundcherry

【生物学特性及危害】一年生草本，花果期5～11月。棉花、玉米、甘薯等秋熟作物田及蔬菜、果园常见杂草，部分地区危害重，种子繁殖。

【形态特征】

茎　株高30～50厘米，茎多分枝，分枝纤细，被稀疏短柔毛或近无毛。

叶　叶片卵形至卵状椭圆形，长3～6厘米，宽2～4厘米，先端尖，基部歪斜，阔楔形，全缘或有不等大的牙齿，两面近无毛，叶柄长1～5厘米。

花　花梗纤细，长约0.5～1.2厘米。花萼5裂，花冠淡黄色，喉部常有紫色斑纹，辐状钟形，直径0.6～0.8厘米。花药蓝紫色或有时黄色。

果实　浆果，卵球形，直径约1.2厘米，被膨大的绿色宿存花萼包裹。

种子　圆盘状，长约0.2厘米。

【幼苗】子叶近圆形，长约0.6厘米，先端急尖，基部圆形，边缘具睫毛，具长柄。初生真叶1片，阔卵形。后生叶叶缘呈波状或有不规则粗锯齿。

小酸浆 *Physalis minima* L.

【英文名称】Cutleaf Groundcherry

【生物学特性及危害】一年生草本，花果期5～11月。危害棉花、玉米、大豆、甘薯等，种子繁殖。

【形态特征】

根　细瘦。

茎　主轴短缩，顶端多二歧分枝，平卧或斜升，有短柔毛。

叶　叶片卵形，长2～3.5厘米，宽1～2厘米，先端渐尖，基部歪斜楔形，叶缘波状或有少数粗齿，两面脉上有柔毛，叶柄长1～2厘米。

花 花梗细弱，长约0.5厘米，有短柔毛。花萼钟状，外面生短柔毛。花冠黄色，辐状钟形，长约0.5厘米。花药黄白色，长约0.1厘米。

果实 果梗细瘦，长不足1厘米，下垂。果萼近球状，直径1～1.5厘米。果实球状。

【幼苗】子叶宽卵形，先端急尖，基部圆形，边缘有睫毛，叶柄长。初生真叶1片，宽卵形，先端急尖，基部圆形，全缘，叶柄长。

【近似种识别要点】

小酸浆	花冠黄色
苦蘵	花冠淡黄色，花冠喉部常紫色

龙葵 *Solanum nigrum* L.

【别名】野茄秧、野海椒、苦葵。

【英文名称】Black Nightshade

【生物学特性及危害】一年生草本，花果期7～9月。棉花、玉米、大豆、蔬菜及果园常见杂草，种子繁殖。

【形态特征】

茎　株高25～100厘米，茎直立，多分枝，绿色或紫色，近无毛或被微柔毛。

叶　卵形，长2.5～10厘米，宽1.5～5.5厘米，先端尖，基部楔形

至阔楔形而下延至叶柄，全缘或具不规则的波状粗齿，光滑或两面均被稀疏短柔毛，叶柄长约1～2厘米。

花　短蝎尾状聚伞花序，腋外生，由3～10朵花组成，总花梗长约1～2.5厘米。花萼小，绿色，5浅裂。花冠白色，5深裂，辐状；花药黄色。

果实　浆果，球形，直径约0.7厘米，成熟时黑色，种子多数。

种子　近卵形，直径约0.2厘米，两侧压扁。

【幼苗】子叶阔卵形，长约0.9厘米，先端钝尖，基部圆形，具缘毛，有长柄。初生真叶1片，阔卵形，先端钝，基部圆形，羽状网脉，密生短柔毛。

刺萼龙葵 *Solanum rostratum* Dunal

【别名】黄花刺茄。

【英文名称】Spinycalyx Nightshade

【生物学特性及危害】一年生草本，花果期7～11月。生于路边、荒地，少量侵入农田。适生性极强，具有超强的繁殖能力，种子繁殖。

【形态特征】

茎　株高20～60厘米，有时可达80厘米以上。茎直立，基部稍木质化，多分枝。全株密生粗硬黄色锥形刺，刺长0.3～1厘米。

叶　叶互生，不规则羽状分裂，叶脉和叶柄上均生有黄色刺。

花　总状花序，疏散，腋外生，花由花序的基部渐次开放。花冠黄色，5裂，基部合生，直径2～4厘米。

果实　浆果，绿色，球形，直径约1厘米，外面被多刺的花萼所包裹，刺长0.5～2厘米，种子多数。

种子　黑褐色，卵圆形或卵状肾形，两侧扁平，长约0.3厘米，宽约0.2厘米，厚约0.1厘米，表面具网纹。

【幼苗】子叶阔披针形，长1.2～1.8厘米，宽0.2～0.6厘米。初生真叶1片，椭圆形，长0.6～0.8厘米，宽0.4～0.6厘米，全缘，无刺。后生叶不规则羽状分裂。

【近似种识别要点】

龙葵	植株近无毛或被稀疏短柔毛
刺萼龙葵	全株生有密集的粗硬黄色锥形刺，刺长0.3～1.0厘米

瑞 香 科

Thymelaeaceae

狼毒 *Stellera chamaejasme* L.

【别名】断肠草。

【英文名称】Chinese Stellera

【生物学特性及危害】多年生草本，花果期4～9月。根有剧毒，生于草甸及路埂，少量侵入农田。

【形态特征】

茎　株高20～50厘米。根状茎木质，圆柱形，粗壮。地上茎直立，丛生，不分枝，绿色，有时带紫色，光滑，基部木质化。

叶　叶互生，披针形至长圆形，长1.2～2.8厘米，宽0.3～1厘米，正面绿色，背面淡绿色至灰绿色，全缘，无毛，中脉在背面隆起，具短叶柄。

花　头状花序，顶生，圆球形，花多数。总苞片叶状，绿色。花萼筒细瘦，裂片5，卵状长圆形。花白色、黄色至淡紫色，无花梗。

果实　圆锥形，长约0.5厘米，直径约0.2厘米，上部具灰白色柔毛，被宿存的花萼筒所包裹。

种子　种皮膜质，淡紫色。

伞 形 科

Umbelliferae

蛇床 *Cnidium monnieri* (L.) Cusson

【英文名称】Monnier Cnidium

【生物学特性及危害】一年生草本，花果期4～10月。路边、荒地、果园、苗圃常见，一般性杂草，危害轻，种子繁殖。

【形态特征】

根　圆锥状，细长。

茎　株高10～80厘米。茎直立，多分枝，具深条棱。

叶　叶片轮廓卵形至三角状卵形，长3～8厘米，宽2～5厘米，二至三回羽状全裂，羽片轮廓卵形至线状披针形。茎下部叶具短柄，茎上部叶柄全部鞘状。

花　复伞形花序，直径2～3厘米，总苞片6～10，线形至线状披针形，长约0.5厘米，边缘膜质，具细睫毛；伞辐8～20个，不等长。小总苞片多数，线形，膜质边缘狭窄，具细睫毛。小伞形花序具花15～20朵，花瓣白色，倒卵形，先端具内折小舌片。

果实　分生果，长圆状，长0.1～0.3厘米，宽0.1～0.2厘米，横剖面近五棱，均扩大成翅状。

【幼苗】全株光滑无毛。子叶长卵形，长约0.8厘米，宽约0.3厘米，先端急尖，叶柄长。初生真叶1片，二回掌状分裂，叶柄长，后生叶三深裂。

桑　科
Moraceae

大麻 *Cannabis sativa* L.

【别名】线麻。

【英文名称】Hemp Fimble

【生物学特性及危害】一年生直立草本，花果期5～9月。主要生长在地边、田埂，旱地杂草，在冀东、冀北地区危害玉米等作物，危害较轻，种子繁殖。

【形态特征】

茎　株高1～3米，有纵沟槽，密生灰白色柔毛。

叶　掌状全裂，中裂片最长，裂片披针形，长6～15厘米，宽1～2.5厘米，先端渐尖，基部楔形，边缘具粗锯齿，叶正面深绿色，背面幼时密被灰白色柔毛，后变无毛。中脉及侧脉在正面微下陷，背面隆起。叶柄长3～16厘米，密被灰白色柔毛，托叶线形。

花　花单性，雌雄异株。雄花序可长达25厘米，花黄绿色，花被5，膜质，小花柄长约0.3厘米；雌花绿色，花被1，花被退化，膜质，紧包子房。

果实　瘦果，被宿存黄褐色苞片包裹，果皮脆，表面具网纹。

【幼苗】全株密被短柔毛。子叶椭圆形，长0.7～0.9厘米，全缘，无柄，基部连合。初生叶对生，披针形，长约2厘米，先端钝，基部楔形，叶缘具锯齿，羽状叶脉，叶柄长约0.6厘米。

葎草 *Humulus scandens* (Lour.) Merr.

【别名】拉拉秧、拉拉藤。

【英文名称】Japanese Hop

【生物学特性及危害】一年生缠绕草本，花果期夏秋季。果园、苇田、麦田危害较重，种子繁殖。

【形态特征】

茎　蔓生缠绕，多分枝，密生倒钩刺。

叶　掌状5～7深裂，直径约7～10厘米，裂片卵状椭圆形，两面均有粗糙刺毛，边缘具锯齿。叶柄长5～10厘米，具倒钩刺。

花　花单性，雌雄异株。雄花小，黄绿色，排列成圆锥花序，长15～25厘米。雌花序球果状，直径约0.5厘米。

果实　瘦果，扁球形，直径约0.3厘米，黄褐色，成熟时露出苞片外。

【幼苗】子叶线状，长2～3厘米，正面具短毛，无柄。初生真叶2片，对生，卵形，3裂，裂片边缘具钝齿，有长柄，叶片与叶柄均有毛。

莎 草 科
Cyperaceae

白穎苔草 *Carex duriuscula* C. A. Mey. subsp. *rigescens* (Franch) S.Y. Liang et Y. C. Tang

【别名】白穎薹草。

【英文名稱】Rigescent Sedge

【生物学特性及危害】多年生草本，花果期4～7月。果园、林地及田埂常见杂草，危害较轻，根状茎及种子繁殖。

【形态特征】

茎　株高5～30厘米，疏松状丛生。具细长匍匐根状茎；茎基部叶鞘锈褐色，细裂成纤维状。

叶　叶扁平，线形，短于秆，宽约0.2厘米。

花　穗状花序，卵形或长卵形，长1～2厘米。小穗4～8个，卵形，具少数花。花单性，苞片鳞片状，雌花鳞片宽卵形或椭圆形，淡锈褐色，长约0.3厘米，具较宽的白色膜质边缘。

果实 果囊稍长于鳞片，宽椭圆形或宽卵形，长约0.4厘米，平凸状，革质，锈褐色，顶端急缩成短喙。小坚果，稍疏松地包于果囊中，近圆形或宽椭圆形，锈褐色，长约0.2厘米。

异穗苔草 *Carex heterostachya* Bge.

【别名】异穗薹草、黑穗草。

【英文名称】Heterostachys Sedge

【生物学特性及危害】多年生草本，花果期4～8月。生长于路旁、荒地、果园及芦苇田内，苇田危害较重，以根状地下茎及种子繁殖。

【形态特征】

茎 株高20～40厘米，具长的地下匍匐根状茎。茎三棱形，基部具红褐色无叶片的叶鞘，老叶鞘常撕裂成纤维状。

叶 叶线形，常长于秆，宽0.2～0.3厘米，质稍硬，边缘粗糙。

花 苞片芒状，常短于小穗。小穗3～4个，常较集中生于秆的上端。上端1～2个为雄小穗，长圆形或棍棒状，黄褐色，长1～3厘米，无柄；其余为雌小穗，卵形或长圆形，长0.8～1.8厘米，密生多数花，近于无柄。雌花鳞片卵圆形或卵形，顶端具短尖。

果实 果囊斜开展，宽卵形，长约0.4厘米，脉不明显，革质，顶端急狭为喙，喙口具两短齿。小坚果，较紧地包于果囊内，宽倒卵形或宽椭圆形，三棱状，长约0.3厘米，顶端具短尖，基部具很短的柄。

异型莎草 *Cyperus difformis* L.

【别名】球穗碱草、咸草等。

【英文名称】Difformed Galingale

【生物学特性及危害】一年生草本，花果期7～10月。稻田及低洼地杂草，部分地区水稻田危害严重，种子繁殖。

【形态特征】

根　须根。

茎　株高5～65厘米。茎秆丛生，扁三棱形，平滑。

叶　叶短于秆，宽0.2～0.6厘米，平张或沿中脉向上折合。叶鞘稍长，褐色。

花　苞片2～3片，叶状，长于花序。长侧枝聚伞花序，简单，少数为复出，具3～9个辐射枝，辐射枝长短不等。分枝为头状花序，球形，直径0.5～1.5厘米，具极多数小穗。小穗密聚，披针形或线形，长

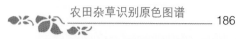

0.2～0.8厘米，具8～28朵花。鳞片排列疏松，膜质，近于扁圆形，长不足0.1厘米，中间淡黄色，两侧深红紫色，边缘白色膜质。

果实 小坚果，淡黄色，三棱状倒卵形，棱角锐。

【幼苗】第一片真叶线状披针形，有3条直出平行脉。叶鞘半透明膜质，叶脉11条，其中3条明显。

褐穗莎草 *Cyperus fuscus* L.

【英文名称】Fuscous Galingale

【生物学特性及危害】一年生草本，花果期7～10月。危害水稻及低洼地生长的棉花、豆类等作物，危害较轻，种子繁殖。

【形态特征】

茎 株高5～30厘米。茎秆丛生，直立，细弱，扁锐三棱形，平滑。

叶 基部具少数叶，叶短于或等于秆，宽0.2～0.4厘米，平张或有时向内折合。

花 长侧枝聚伞花序，辐射枝3～6个，辐射枝长短不等。分枝花序近头状，由5～10个小穗聚成。小穗线形或线状披针形，长0.3～0.8厘米，宽约0.15厘米，稍扁平，具8～24朵花，小穗轴无翅。鳞片紧贴并呈复瓦状排列，膜质，宽卵形或近圆形，背面两侧黑紫色中间黄绿色，顶端圆，长约0.15厘米。

果实 小坚果，椭圆形，具三棱，淡黄色，长约为鳞片的2/3。

头状穗莎草 *Cyperus glomeratus* L.

【别名】聚穗莎草、三轮草、状元花。

【英文名称】Glomerate Galingale

【生物学特性及危害】一年生草本，花果期6～10月。常见农田杂草，低洼地、水田较常见，种子繁殖。

【形态特征】

茎　株高20～150厘米，茎秆单一或丛生，直立粗壮，钝三棱形，平滑，基部稍膨大。

叶　叶少数，常短于秆，宽0.4～0.8厘米。叶鞘长，红棕色。

花　叶状苞片3～6个，比花序长。长侧枝聚伞花序，有3～8个辐射枝，辐射枝长短不等。分枝为穗状花序，无总花梗，近于圆形或长圆形，长1～3厘米，具极多数小穗。小穗多列，排列紧密，线状披针形或线形，稍扁平，长0.5～1厘米，宽约0.2厘米，具8～16朵花。小穗轴具白色透明的翅，鳞片排列疏松，膜质，成熟后红褐色，近长圆形，顶端钝，长约0.2厘米。

果实 小坚果，灰褐色，长圆状三棱形，长为鳞片的1/2，具明显的网纹。

【幼苗】 第一真叶线形，长约1厘米，宽约0.4厘米，腹面稍凹陷，有3条明显平行脉和2～3条较细的叶脉。

旋鳞莎草 *Cyperus michelianus* (L.) Link

【英文名称】Michel Galingale

【生物学特性及危害】一年生草本，花果期6～9月。适生于水边、空旷地等潮湿处，种子繁殖。

【形态特征】

茎　株高5～25厘米，茎秆密丛生，扁三棱形，平滑。

叶　叶片线形，宽0.1～0.3厘米，平张或有时对折，基部叶鞘紫红色。

花　苞片3～6片，叶状，长3～12厘米，比花序长很多。聚伞花序短缩呈头状，卵形或球形，直径0.5～1.5厘米，具极多数密集的小穗。小穗卵形或披针形，长0.3～0.4厘米，宽约0.1厘米，具10～20余朵花。鳞片螺旋状排列，膜质，淡黄白色，稍透明，长圆状披针形，顶端呈一短尖，长约0.2厘米。

果实　小坚果，褐色，狭三棱状长圆形，长为鳞片的1/3～1/2，表面具整齐的小网孔。

具芒碎米莎草 *Cyperus microiria* Steud.

【别名】黄颖莎草、小碎米莎草。

【英文名称】Awned Rice Galingale

【生物学特性及危害】一年生草本，花果期7～10月。适生于潮湿环境，为水稻田边、果园及水浇旱地杂草，部分果园危害严重，种子繁殖。

【形态特征】

茎　秆丛生，高20～50厘米，锐三棱形，平滑，基部具叶。

叶　短于秆，线形，宽0.2～0.5厘米，平张。叶鞘红棕色，表面稍带白色。

花　叶状苞片3～4片，长于花序。长侧枝聚伞花序，复出，稍密或疏展，具5～7个辐射枝，辐射枝长短不等。分枝为穗状花序，卵形或近于三角形，具多数小穗。小穗排列较稀，斜展，线形或线状披针

形，扁平，长0.6～1.5厘米，宽约0.15厘米，小穗轴具白色透明的狭边，具8～24朵花。鳞片排列疏松，膜质，宽倒卵形，顶端圆，背面具龙骨状凸起，脉3～5条，绿色，中脉延伸出顶端呈短尖。

果实　小坚果，深褐色，倒卵状三棱形，和鳞片近等长，具密集的微突起细点。

【幼苗】第一片真叶线状披针形，平行主脉间有横脉，成方格状。叶鞘膜质，与叶片界限不明显。

白鳞莎草 *Cyperus nipponicus* Franch. et Savat.

【英文名称】Whitescale Galingale

【生物学特性及危害】一年生草本，花果期7～9月。一般性杂草，危害棉花、大豆、甘薯、蔬菜等，种子繁殖。

【形态特征】

茎　株高5～20厘米。茎秆密集丛生，扁三棱形，平滑。

叶　秆基部具少数叶，叶短于秆或与秆等长，宽0.15～0.2厘米，平张或有时折合。叶鞘膜质，淡红褐色或紫褐色。

花　苞片3～5片，叶状，较花序长数倍。长侧枝聚伞花序短缩成头状，有时辐射枝稍延长，直径1～2厘米，有多数密生的小穗。小穗长0.3～0.8厘米，宽0.15～0.2厘米，无柄，披针形或卵状长圆

形，压扁，小穗轴具白色透明的翅。鳞片两列，稍稀疏的复瓦状排列，宽卵形，长约0.2厘米，背面沿中脉处绿色，两侧白色透明，顶端具小短尖。

果实　小坚果，黄棕色，椭圆形，平凸或近于凹凸状，长约为鳞片的1/2。

【近似种识别要点】

异型莎草	叶片平张；小穗极多数组成密头状花序
褐穗莎草	叶片平张；小穗10余个组成疏头状花序
旋鳞莎草	叶片两边内卷，中间具沟；鳞片螺旋状排列
白鳞莎草	叶片两边内卷，中间具沟；鳞片二列

香附子 *Cyperus rotundus* L.

【别名】三棱草、莎草、香头草、旱三棱。

【英文名称】 Nutgrass Flatsedge

【生物学特性及危害】多年生草本，花果期5～9月。危害棉花、大豆、甘薯等秋熟旱作物，部分区域危害严重，块茎和种子繁殖。

【形态特征】

茎　株高15～95厘米。匍匐根状地下茎细长，具椭圆形块茎。地上茎直立，散生，锐三棱形，平滑。

叶　叶短于秆，宽0.2～0.5厘米，平张。叶鞘棕色，常裂成纤维状。

花　叶状苞片2～3枚，常长于花序。聚伞花序简单或复出，侧枝长，具3～10个辐射枝。分枝为穗状花序，稍疏松，具3～10个小穗。小穗斜展开，线形，长1～3厘米，宽约0.2厘米，具8～30朵花，小穗轴具较宽的白色透明的翅。鳞片复瓦状排列，膜质，卵形或长圆状卵形，顶端无短尖，长约0.3厘米，中间绿色，两侧紫红色。

果实　小坚果，三棱状长圆形，长为鳞片的1/3～2/5。

【幼苗】第一片真叶线状披针形，有5条明显的平行脉。第三片真叶具10条明显平行脉。

水莎草 *Juncellus serotinus* (Rottb.) C. B. Clarke

【英文名称】Late Juncellus

【生物学特性及危害】多年生草本，花果期7～10月。水稻田主要杂草，根状地下茎和种子繁殖。

【形态特征】

茎　株高35～100厘米。根状地下茎长，地上茎秆粗壮，扁三棱形，平滑。

叶　叶基生，线形，宽0.3～1厘米，正面平张，背面中肋呈龙骨状突起。

花　苞片常3枚，叶状，比花序长一倍多。长侧枝聚伞花序复出，具4～7个第一次辐射枝，辐射枝向外展开，长短不等。每一辐射枝上具1～3个穗状花序，每一穗状花序具5～17个小穗。小穗排列稍松，近于平展，披针形，长0.8～2厘米，宽约0.3厘米，具10～34朵花。小穗轴具白色透明的翅，鳞片宽卵形，长0.25厘米，背面中肋绿色，两侧红褐色，边缘黄白色透明，具5～7条脉。

果实 小坚果，棕色，椭圆形或倒卵形，长约0.2厘米，平凸状，稍有光译，具突起的细点。

扁秆藨草 *Scirpus planiculmis* Fr. Schmidt.

【别名】海三棱、地梨子。

【英文名称】Flatstalk Bulrush

【生物学特性及危害】多年生草本，花果期5～9月。生长于湿地、河岸等地，是水稻田恶性杂草，对芦苇危害也较大，以种子及块茎繁殖。

【形态特征】

茎 株高40～100厘米。具匍匐根状地下茎和块茎；茎秆三棱形，平滑，具秆生叶。

叶 叶扁平，线形，宽0.2～0.5厘米，向顶部渐窄，具长叶鞘。

花 叶状苞片1～3片，常长于花序。长侧枝聚伞花序短缩成头状，有时具少数辐射枝，每一辐射枝上具1～6个小穗。小穗卵形或长圆状卵形，锈褐色，长1～1.6厘米，宽0.4～0.8厘米，具多数花。鳞片膜质，长圆形或椭圆形，长0.6～0.8厘米，褐色或深褐色，顶端具较长芒。

果实　小坚果，倒卵形，扁，长约0.3厘米，两面稍凹或稍凸。

【幼苗】第一片真叶针状，横剖面近圆形，叶鞘边缘有膜质翅。第二片真叶横剖面上有两个大气腔，近圆形。第三片真叶横剖面呈三角形，也有两个气腔。

商 陆 科

Phytolaccaceae

美洲商陆 *Phytolacca americana* L.

【别名】垂序商陆。

【英文名称】Coakum, Common Pokeweed

【生物学特性及危害】多年生草本，花果期6～10月。喜生长在土壤肥沃的地边，以根状地下茎及种子繁殖。

【形态特征】

根　粗壮，肥大，倒圆锥形。

茎　株高1～2米，茎直立，圆柱形，有时带紫红色。

叶　叶片椭圆状卵形或卵状披针形，长9～18厘米，宽5～10厘米，先端急尖，基部楔形，叶柄长1～4厘米。

花　总状花序，顶生或侧生，长5～20厘米，花较稀疏。花梗长0.6～0.8厘米，花白色，微带红晕，直径约0.6厘米，花被片5，雄蕊10，心皮10，心皮合生。

果实　果序下垂。浆果扁球形，未成熟时绿色，成熟时紫黑色。

种子　肾圆形，直径约0.3厘米。

十 字 花 科

Cruciferae

荠菜 *Capsella bursa-pastoris* (L.) Medic.

【别名】荠、荠菜花。

【英文名称】Shepherdspurse

【生物学特性及危害】一二年生草本，花果期4～6月。农田重要杂草，为小麦、油菜及蔬菜田主要杂草，种子繁殖。

【形态特征】

茎　株高10～60厘米。茎直立，单一或从下部分枝。

叶　基生叶丛生呈莲座状，长可达12厘米，宽可达2.5厘米，大头羽状分裂，少数全缘；顶裂片较大，卵形至长圆形，侧裂片3～8对，较小、浅裂、有不规则粗锯齿或近全缘，顶端渐尖，叶柄长0.5～4厘米。茎生叶狭披针形，基部箭形，抱茎，边缘有缺刻或锯齿。

花　总状花序，顶生及腋生，果期延长达20厘米。无苞片，花梗长0.3～0.8厘米。萼片长圆形，花瓣白色，卵形，长0.2～0.3厘米，有短爪。

果实 短角果，倒三角形，扁平，长0.5～0.8厘米，无毛，顶端微凹，种子2行，成熟时开裂。

种子 浅褐色，长椭圆形，长约0.1厘米。

【幼苗】子叶椭圆形，长约0.3厘米，先端圆，基部渐狭至柄，无毛。初生真叶2片，卵形，灰绿色，先端钝圆，基部宽楔形，具柄，叶片及叶柄均被有分枝毛。

碎米荠 *Cardamine hirsuta* L.

【英文名称】Pennsylvania Bittercress

【生物学特性及危害】一年生草本，花果期4～6月。适生于山坡地、田边潮湿处，为水旱轮作田杂草，种子繁殖。

【形态特征】

　茎　株高10～35厘米，茎直立或斜升，分枝或不分枝，下部有时淡紫色，被较密柔毛，上部毛渐少。

　叶　羽状复叶。基生叶具叶柄，有小叶2～5对；顶生小叶肾形或肾圆形，长0.4～1厘米，宽0.5～1.3厘米，边缘有3～5个圆齿，小叶柄明显；侧生小叶卵形或圆形，较顶生的叶小，基部两侧稍歪斜，边缘有1～3圆齿。茎生叶具短柄，叶柄不扩大，有小叶3～6对，茎上部的顶生小叶菱状长卵形，长0.2～3厘米，顶端3齿裂，侧生小叶长卵形至线形，多数全缘。全部小叶两面稍有毛。

　花　总状花序，生于枝顶，花梗长0.2～0.4厘米。萼片长圆形，长约0.2厘米。花瓣白色，倒卵形，长0.3～0.5厘米，顶端钝，向基部渐狭。

　果实　长角果，线形，稍扁，长1.5～3厘米，无毛。果梗纤细，长0.4～1.2厘米，直立开展。

　种子　椭圆形，褐色，宽约0.1厘米。

【幼苗】子叶近圆形，直径约0.25厘米，先端钝圆，微凹，基部圆形，全缘，具长柄。初生真叶1片，三角状卵形，基部截形，全缘，具长柄。

离子草 *Chorispora tenella* (Pall.) DC.

【别名】离子芥、红花荠菜、水萝卜棵。

【英文名称】Tender Chorispora

【生物学特性及危害】一年生草本，花果期4～8月。夏收作物田杂草，麦田常见但危害较轻，种子繁殖。

【形态特征】

茎　株高5～30厘米，全株被稀疏腺毛，分枝斜上。

叶　基生叶丛生，宽披针形，长3～8厘米，宽0.5～1.5厘米，边缘具疏齿或羽状分裂。茎生叶披针形，较基生叶小，边缘具波状浅齿或近全缘。

花　总状花序，疏展，果期延长。花瓣4个，淡紫色或淡蓝色，长匙形，长0.7～1厘米，宽约0.1厘米，顶端钝圆。

果实　长角果，圆柱形，长1.5～3厘米，略向上弯曲，具横节，具喙。果梗长0.3～0.4厘米，与果实近等粗。

种子　褐色，长约0.2厘米，长椭圆形。

【幼苗】子叶椭圆形，长约0.7厘米，有短柄。初生真叶1片，长卵形，全缘。后生叶羽状浅裂。

播娘蒿 *Descurainia sophia* (L.) Webb ex Prantl

【别名】麦蒿、米蒿、眉毛蒿。

【英文名称】FlixWeed Tansymustard

【生物学特性及危害】一二年生草本，花果期4～6月。农田重要杂草，主要危害小麦、油菜、蔬菜及果树，种子繁殖。

【形态特征】

茎　株高10～80厘米，茎直立，具分枝，下部常呈淡紫色。

叶　长3～12厘米，二至三回羽状深裂或全裂，末端裂片条形或条状长圆形，长0.2～0.5厘米，宽0.1～0.2厘米。下部叶具柄，上部叶无柄。

花　伞房状花序，花瓣4个，黄色，长圆状倒卵形，长约0.2厘米，具爪。

果实　长角果，圆筒状，长2～3厘米，宽约0.1厘米，无毛，稍内曲，果梗长1～2厘米；果瓣中脉明显，每室1行种子，多数。

种子　淡红褐色，长圆形，长约0.1厘米，稍扁，表面有细网纹。

【幼苗】幼苗全株被毛。子叶长椭圆形，长0.3～0.5厘米，先端钝，基部渐狭，具柄。初生真叶2片，3～5裂，先端锐尖，基部楔形，叶柄几乎与叶片等长。

小花糖芥 *Erysimum cheiranthoides* L.

【别名】桂竹糖芥、野菜子。

【英文名称】Wormseed Mustard

【生物学特性及危害】一年生草本，花果期5～6月。危害麦类、油菜、蔬菜、果树等，种子繁殖。

【形态特征】

茎　株高15～80厘米。茎直立，有棱，具2叉毛。

叶　基生叶莲座状，平铺地面，长1～4厘米，有2～3叉毛，具柄。茎生叶披针形或线形，长2～6厘米，宽0.3～0.9厘米，先端急尖，基部楔形，边缘具深波状疏齿或近全缘，两面具3叉毛。

花　总状花序，顶生。萼片长圆形或线形，长0.2～0.3厘米。花瓣浅黄色，长圆形，长0.4～0.5厘米，顶端圆形或截形，下部具爪。

　　果实　长角果，圆柱形，侧扁，长2～4厘米，宽约0.1厘米，稍有棱，具3叉毛。果梗粗，长0.4～0.6厘米，种子每室1行。

　　种子　淡褐色，卵形，长约0.1厘米。

　　【幼苗】子叶长圆形，长约0.4厘米，全缘，具短柄。初生真叶1片，稍菱形，先端微凹，基部楔形，中脉明显，叶面密被星状毛，有柄。第二片真叶与初生真叶相似。

独行菜 *Lepidium apetalum* Willd.

　　【别名】腺独行菜、腺茎独行菜、鸡积菜等。

　　【英文名称】Peppergrass

　　【生物学特性及危害】一二年生草本，花果期5～7月。为麦田、菜地、果园常见杂草，危害较轻，种子繁殖。

【形态特征】

茎　　株高5～30厘米，茎直立，有分枝，无毛或具微小头状腺毛。

叶　　基生叶窄匙形或倒披针形，一回羽状浅裂或深裂，长3～5厘米，宽1～1.5厘米，叶柄长1～2厘米。茎生叶线形，有疏齿或全缘。

花　　总状花序，在果期可延长至5厘米，花瓣不存在或退化成丝状。

果实　　短角果，近圆形或宽椭圆形，扁平，长0.2～0.3厘米，顶端微缺，上部有狭翅。果梗弧形，长约0.3厘米。

种子　　棕红色，椭圆形，长约0.1厘米，平滑。

【幼苗】 全株光滑无毛。子叶椭圆形，长约0.5厘米，宽约0.2厘米，具长柄。初生真叶2片，对生，3～4浅裂，具柄。

宽叶独行菜 *Lepidium latifolium* L.

【别名】北独行菜、羊辣辣、大辣辣。

【英文名称】Broadleaf Pepperweed, Grande Passerage

【生物学特性及危害】多年生草本，花果期5～9月。生于田边路旁，种子繁殖。

【形态特征】

茎　株高30～150厘米。茎直立，上部多分枝，基部稍木质化，几乎无毛。

叶　基生叶及茎下部叶长圆状披针形或卵形，长3～8厘米，宽1～5厘米，顶端急尖或圆钝，基部楔形，全缘或有牙齿，具柄。茎上部叶披针形或长圆状椭圆形，长2～5厘米，宽0.5～1.5厘米，无柄。

花　总状花序，圆锥状。花梗无毛，萼片脱落，花瓣4个，白色，倒卵形，长约0.2厘米，先端圆形。

果实　短角果，宽卵形或近圆形，长0.15～0.3厘米，顶端全缘，基部圆钝，无翅，有柔毛，果梗长0.2～0.3厘米。

种子　浅棕色，宽椭圆形，扁平，长约0.1厘米，无翅。

【近似种识别要点】

独行菜	一二年生；基生叶一回羽状浅裂或深裂；短角果顶端微缺
宽叶独行菜	多年生；基生叶及茎下部叶全缘或有牙齿；短角果顶端全缘

风花菜 *Rorippa globosa* (Turcz.) Hayek

【别名】球果蔊菜、银条菜。

【英文名称】Globate Rorippa

【生物学特性及危害】一二年生直立粗壮草本，花果期4～9月。夏收作物田、水田常见杂草，部分蔬菜田和芦苇田危害重，种子繁殖。

【形态特征】

茎　株高20～120厘米，基部木质化，下部被白色长毛，上部近无毛，分枝或不分枝。

叶　叶片长圆形至倒卵状披针形，长5～15厘米，宽1～2.5厘米，基部渐狭，下延成短耳状而半抱茎，边缘具不整齐粗齿，两面被疏毛或无毛。茎下部叶具柄，上部叶无柄。

花　总状花序多数，呈圆锥花序式排列，果期伸长。花小，黄色，具细梗，长0.4～0.5厘米。花瓣4，倒卵形，基部具短爪。

果实　短角果，近球形，直径约0.2厘米，成熟时两裂，果瓣隆起，平滑无毛，先端具喙。果梗纤细，呈水平开展或稍向下弯，长0.4～0.6厘米，种子多数。

种子 淡褐色，近扁卵形，极细小，一端微凹。

【幼苗】全株光滑无毛。子叶近圆形，直径约0.3厘米，具长柄。初生真叶1片，阔卵形，全缘，有1条中脉，叶柄长。

沼生蔊菜 *Rorippa islandica* (Oed.) Borb.

【英文名称】Bog Marshcress

【生物学特性及危害】一二年生草本，花果期4～9月。危害蔬菜、芦苇、油菜等作物，种子繁殖。

【形态特征】

茎　株高20～50厘米，直立，有棱，下部常带紫色。

叶　基生叶有柄，叶片长圆形至狭长圆形，长5～10厘米，宽1～3厘米，羽状深裂，裂片3～7对，边缘不规则浅裂或呈深波状，顶端裂片较大，基部耳状抱茎。茎生叶向上逐渐变小，叶片羽状深裂或有齿，基部耳状抱茎，近无柄。

花　总状花序，顶生或腋生，花多数，花梗细，长0.3～0.5厘米。萼片长椭圆形，花黄色，花瓣长倒卵形至楔形。

果实　短角果，椭圆形或近圆柱形，有时稍弯曲，长0.3～0.8厘米，宽0.1～0.3厘米，果瓣肿胀，果梗比果实长，斜向开展。

种子　褐色，近卵形，细小，一端微凹，表面具细网纹。

【幼苗】全株光滑无毛。子叶近圆形，长约0.3厘米，有长柄。初生真叶1片，阔卵形，全缘，有1条中脉，有长柄。第二片真叶边缘呈微波状。

【近似种识别要点】

风花菜	短角果，近球形
沼生薄菜	短角果，椭圆形或近圆柱形

石 竹 科

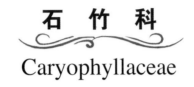

Caryophyllaceae

牛繁缕 *Myosoton aquaticum* (L.) Moench.

【别名】鹅肠菜、鹅儿肠。

【英文名称】Aquatic Malachium

【生物学特性及危害】一二年生或多年生草本，花果期5～9月。夏收作物田恶性杂草，可危害麦类、蔬菜、果树、芦苇等，作物田基本为一二年生，种子繁殖。

【形态特征】

茎　株高20～80厘米，具分枝，下部有时铺散，上部斜升。

叶　对生，叶片卵形或阔卵形，先端急尖，基部微心形，全缘。茎上部叶无柄，下部叶柄长0.5～1厘米。

花　二歧聚伞花序，顶生。苞片叶状，边缘具腺毛。花梗细长，被毛。萼片5个，被短柔毛。花瓣5片，白色，2深裂达基部，裂片线形或线状披针形。

果实　蒴果，卵圆形，5瓣裂，种子多数。

种子　褐色，肾形，具疣状突起。

【幼苗】子叶卵形，长约0.6厘米，先端锐尖，全缘，有长柄。初生真叶2片，阔卵形，先端突尖，全缘。叶柄长，基部连合抱茎，疏生长柔毛。

无瓣繁缕 *Stellaria apetala* Ucria

【别名】小繁缕。

【英文名称】Little Starwort

【生物学特性及危害】二年生草本，花果期3～5月。局部地块蔬菜田危害严重，种子繁殖。

【形态特征】

茎　全株鲜绿。下部平卧，多分枝，疏被1行短柔毛，茎上部光滑无毛。

叶　倒卵形至卵状披针形，长0.5～1厘米，宽约0.5厘米，基部下延至柄，下部叶具短柄，中上部叶近无柄，叶柄两侧具少数较长的柔毛，叶端突尖。

花　二歧聚伞状花序，花梗光滑无毛，长约1厘米。花萼5片，光滑无毛，具极狭膜质边缘，果时宿存。无花瓣。

　　果实　蒴果，长卵形，6瓣裂。

　　种子　细小，径约0.05厘米，红褐色，圆肾形，表面具疣状突起。

　　【幼苗】子叶椭圆状披针形，长约0.5厘米，叶基楔形，具短柄，先端尖锐。初生叶2片，倒卵圆形，具短柄，柄上疏生长柔毛。

　　【近似种识别要点】

牛繁缕	具花瓣5，白色，2深裂达基部
无瓣繁缕	无花瓣

麦瓶草 *Silene conoidea* L.

【别名】米瓦罐、灯笼草、麦黄菜、麦瓶子。

【英文名称】Conical Silene

【生物学特性及危害】一年生或越年生草本，花果期5～7月。麦田重要杂草，危害麦类和油菜等夏收作物，种子繁殖。

【形态特征】

茎　株高15～60厘米，全株被短腺毛。茎单生或具少数分枝，直立。

叶　基生叶匙形。茎生叶长圆形或披针形，长5～8厘米，宽0.5～1厘米，先端渐尖，两面被短柔毛，边缘具缘毛，中脉明显。

花　二歧聚伞花序，花较少，直立，具梗。花萼圆锥形，绿色，长2～3厘米，具20～30条平行脉，开花期筒状，结果期下部膨大成卵形，密生腺毛，萼齿5个，狭披针形。花瓣5个，粉红色，长2.5～3.5厘米。

果实　蒴果，卵圆形或圆锥形，长约1.5厘米，直径0.6～0.8厘米，包于宿存的萼筒内，中部以上变细。

种子　暗褐色，肾形，长约0.2厘米，整个表面密生疣状突起。

【幼苗】子叶卵状披针形，长0.6～0.8厘米，宽0.2～0.3厘米，柄极短。初生真叶匙形，有长睫毛，具叶柄。

麦蓝菜 *Vaccaria segetalis* (Neck.) Garcke

【别名】王不留行、灯盏窝。

【英文名称】Cow Soapwort

【生物学特性及危害】一二年生草本，花果期4～8月。小麦田及油菜田常见杂草，局部地区麦田危害较严重，种子繁殖。

【形态特征】

茎　株高30～70厘米。茎单生，直立，上部分枝，全株无毛，微被白粉，呈灰绿色。

叶　叶片卵状披针形，先端急尖，基部圆形或近心形，微抱茎，具3条基出脉，背面中脉隆起。

花　伞房花序，稀疏。花梗细，长1～4厘米，花梗中上部有2个鳞片状小苞片。花萼卵状圆锥形，长1～1.5厘米，果期膨大成球形，顶端狭，具5条明显突起的绿色棱，棱间绿白色，近膜质；萼齿小，三角形，顶端急尖，边缘膜质。花瓣淡红色，长 1.4 ~ 1.7 厘米，宽 0.2 ~ 0.3 厘米，基部具爪。

果实　蒴果，宽卵形或近圆球形，包裹于宿存的萼内，长 0.8 ~ 1 厘米。

种子　红褐色至黑色，直径约 0.2 厘米，近圆球形，表面密被小疣状突起。

【幼苗】子叶卵状披针形，先端急尖，基部渐狭，具柄。初生真叶 2 片，带状披针形，先端急尖，中脉明显，无柄。

苋　科

Amaranthaceae

空心莲子草 *Alternanthera philoxeroides* (Mart.) Griseb.

【别名】喜旱莲子草、水生花、革命草、空心苋。

【英文名称】Alligator Alternanthera

【生物学特性及危害】多年生草本，花果期 5 ~ 10 月。低湿秋熟旱作物田及稻田杂草，部分区域危害严重，根茎繁殖，花通常不结实。

【形态特征】

茎　基部匍匐，上部斜升，茎中空，长 50 ~ 120 厘米，有分枝，具细纵棱，节膨大，节着地可生根，幼茎及叶腋有柔毛。

叶 叶片长圆形或倒卵状披针形，对生，长2.5～5厘米，宽1～2厘米，先端具短尖，基部渐狭，全缘，两面无毛或正面有贴生毛及缘毛，叶柄长0.3～1厘米。

花 花密生成头状花序，单生在叶腋，球形，直径0.8～1.5厘米，含10～20朵小花，具总花梗。苞片卵形，白色。花被片5个，矩圆形，白色，长0.5～0.6厘米，光亮，无毛。雄蕊5，花丝连合成管状，花药条状长椭圆形，退化雄蕊舌状，顶端流苏状。

凹头苋 *Amaranthus lividus* L.

【别名】野苋、光苋菜、紫苋。

【英文名称】Emarginate Amaranth

【生物学特性及危害】一年生草本，花果期7～10月。秋熟作物田杂草，主要危害棉花、大豆、甘薯、玉米和蔬菜等，种子繁殖。

【形态特征】

茎　株高10～40厘米，无毛。茎直立或伏卧而上升，具分枝，淡绿色或紫红色。

叶　叶片卵形或菱状卵形，长1.5～4.5厘米，宽1～3厘米，先端钝圆，具凹缺，基部楔形，全缘或稍呈波状；叶柄长1～3.5厘米。

花　花簇腋生，直至下部叶的腋部，生在茎端和枝端的花，组成直立穗状花序或圆锥花序。花被片3，矩圆形或披针形，淡绿色，长约0.1厘米。

果实　胞果，扁卵形，长约0.3厘米，不裂，超出宿存花被片。

种子　黑色至黑褐色，球形，直径约0.1厘米，边缘具环状边。

【幼苗】子叶椭圆形，长约0.8厘米，先端钝尖，基部楔形，具短柄。初生真叶阔卵形，先端平截，具凹缺，基部楔形，具长柄。

反枝苋 *Amaranthus retroflexus* L.

【别名】西风谷、野苋菜。

【英文名称】Redroot Amaranth

【生物学特性及危害】一年生草本，花果期7～9月。农田恶性杂草，为花生、豆类、棉花、玉米、果园等旱作物田杂草，种子繁殖。

【形态特征】

茎　株高20～100厘米，被毛。茎直立，粗壮，单一或分枝，淡绿色，有时具紫色条纹，稍具钝棱，密生短柔毛。

叶　叶片菱状卵形或椭圆状卵形，长5～12厘米，宽2～5厘米，先端锐尖或微凹，基部楔形，全缘或波状缘，两面及边缘有柔毛，具叶柄。

花　圆锥花序，顶生及腋生，直立，由多数穗状花序形成。苞片钻形，长0.4～0.6厘米，白色，背面有1龙骨状突起，伸出顶端呈白

色尖芒。花被5片，长圆形或长圆状倒卵形，长约0.2厘米，薄膜质，白色。

果实 胞果，扁卵形，长约0.2厘米，环状横裂，包裹在宿存花被内。

种子 棕色或黑色，近球形，直径约0.1厘米，有光泽。

【幼苗】子叶长椭圆形，长1～1.5厘米，先端钝，基部楔形，具柄。初生真叶互生，卵形，先端微凹，全缘，具柄。

腋花苋 *Amaranthus roxburghianus* Kung

【别名】罗氏苋。

【英文名称】Roxburgh Amaranth

【生物学特性及危害】一年生草本，花果期7～9月。危害蔬菜、棉花、豆类、玉米等作物，种子繁殖。

【形态特征】

茎 株高30～65厘米，无毛。茎直立，多分枝，下部枝平卧地面，淡绿色。

叶　叶片菱状卵形、倒卵形或长圆形，长2～2.5厘米，宽1～2.5厘米，先端微凹，具凸尖，基部楔形，叶缘波状。叶柄纤细，长1～2.5厘米。

花　花簇生于叶腋，花数少。苞片钻形，长0.2厘米，背面有1绿色隆起中脉，顶端具芒尖。花被片3，披针形，长约0.2厘米，顶端渐尖，具芒尖。

果实　胞果，卵形，长约0.3厘米，环状横裂。

种子　黑棕色，近球形，直径约0.1厘米，边缘加厚。

刺苋 *Amaranthus spinosus* L.

【别名】勒苋菜。

【英文名称】Spiny Amaranth

【生物学特性及危害】一年生草本，花果期7～10月。一般性杂草，可危害玉米、棉花、蔬菜等，种子繁殖。

【形态特征】

茎　株高 30～100 厘米，茎直立，多分枝，有纵条纹，绿色或带紫色，无毛或稍有柔毛。

叶　叶片菱状卵形或卵状披针形，长 3～12 厘米，宽 1～5.5 厘米，先端圆钝，基部楔形，全缘。叶柄长 1～8 厘米，几乎无毛，两侧具 2 刺，刺长 0.5～1 厘米。

花　圆锥花序，腋生及顶生，长 3～25 厘米，腋生花簇及顶生花穗基部具尖锐直刺。花被片 5，绿色，顶端急尖，具凸尖，边缘透明。

果实　胞果，长圆形，长约 0.1 厘米，不规则横裂。

种子　黑色或棕黑色，近球形，直径约 0.1 厘米。

【幼苗】子叶卵状披针形，先端锐尖，基部楔形，全缘，具长柄。初生真叶 1 片，阔卵形，先端钝，具凹缺，基部宽楔形，有明显叶脉，具长柄。

皱果苋 *Amaranthus viridis* **L.**

【别名】绿苋、野苋。

【英文名称】Wild Amaranth

【生物学特性及危害】一年生草本，花果期7～10月。常见杂草，可危害蔬菜、棉花、豆类、花生等作物，种子繁殖。

【形态特征】

茎　株高40～100厘米，近无毛。茎直立，稍有分枝，绿色或带紫色。

叶　叶片卵形或卵状椭圆形，长3～9厘米，宽2.5～6厘米，先端微缺，少数圆钝，有一小芒尖，基部宽楔形或近截形，全缘或微呈波状缘，叶柄长3～6厘米。

花　多个穗状花序组成圆锥花序，长6～12厘米，具分枝；穗状花序圆柱形，细长，直立。苞片及小苞片披针形，顶端具凸尖。花被片3，长圆形或宽倒披针形，长约0.1厘米，绿色或红色，具芒尖。

果实　胞果，扁球形，直径约0.2厘米，不裂，表面极皱缩。

种子　黑色或黑褐色，扁球形，有光泽，直径约0.1厘米，具薄环状边。

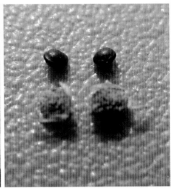

【幼苗】全株光滑无毛。子叶披针形，长约0.7厘米，宽约0.2厘米，先端渐尖，基部楔形，全缘，具短柄。初生真叶1片，阔卵形，先端钝尖，具微缺，基部阔楔形，具长柄。

【近似种识别要点】

皱果苋	植株无毛或近无毛，花被片3，果实皱缩
反枝苋	植株密生短柔毛，花被片5，果实不皱缩

玄 参 科

Scrophulariaceae

通泉草 *Mazus japonicus* (Thunb.) O. Kuntze

【英文名称】Japanese Mazus

【生物学特性及危害】一年生草本，花果期4～10月。蔬菜田常见，危害较轻，种子繁殖。

【形态特征】

　　茎　株高5～30厘米，草质，直立或斜升，着地部分节上能生不定根，分枝多而披散，偶尔不分枝。

叶 基生叶少到多数，有时成莲座状或早落，倒卵形或倒卵状匙形，长2～6厘米，边缘具不规则的粗齿或基部有1～2片浅羽裂，基部楔形，下延成带翅的叶柄。茎生叶少数，与基生叶相似或几乎等大。

花 总状花序，生于茎枝顶端，常在近基部生花，花疏稀，通常3～20朵，花梗在果期可长达1厘米。花萼钟状，在果期常增大。花冠白色、紫色或蓝色，长约1厘米，上唇裂片卵状三角形，下唇三裂，中裂片较小，稍突出，倒卵圆形。

果实 蒴果，球形，种子多数。

种子 黄色，小，种皮上有不规则的网纹。

【幼苗】除下胚轴外全株密生极微小的腺毛。子叶宽卵状，先端渐尖，全缘，长宽约0.3厘米，具柄。初生真叶2片，单叶对生，叶缘微波状。

地黄 *Rehmannia glutinosa* (Gaert.) Libosch. ex Fisch. et Mey.

【别名】野生地。

【英文名称】Adhesive Rehmannia

【生物学特性及危害】多年生草本，花果期4～7月。路边、河坡及荒地常见，果园及旱作物田杂草，危害较轻。

【形态特征】

茎　株高10～30厘米，全株密被灰白色长柔毛和腺毛。根状地下茎肉质，直径可达5.5厘米，鲜时黄色。地上茎单一或基部分枝，常紫红色。

叶　通常在茎基部集成莲座状，向上则极度缩小。叶片倒卵状披针形至长椭圆形，长2～13厘米，宽1～6厘米，基部渐狭成柄，正面绿色，背面略带紫色，边缘具不规则圆齿、钝锯齿或牙齿。叶脉在上面凹陷，背面隆起。

花　总状花序，顶生，或几乎全部花单生叶腋而分散在茎上。花梗细弱，长0.5～3厘米。萼筒长1～1.5厘米，密被长柔毛，具10条隆起的脉，萼齿5枚，裂片狭三角形，长0.3～0.6厘米。花冠长3～4.5厘米，外面紫红色，被长柔毛；花冠筒狭长，花冠裂片5枚，先端钝或微凹。

果实　蒴果，卵形，长1～1.5厘米。

【幼苗】全株被密毛。子叶三角状卵形，长约0.4厘米。初生真叶1片，卵形，先端钝，基部楔形，边缘微波状，具柄。

婆婆纳 *Veronica didyma* Tenore

【英文名称】Geminate Speedwell

【生物学特性及危害】一二年生草本，花果期3～10月。危害小麦、蔬菜、果树等，种子繁殖。

【形态特征】

茎　植株铺散，分枝成丛，分枝长10～45厘米。

叶　叶片三角状卵形至卵形，长0.5～1厘米，宽0.6～0.7厘米，边缘具稀疏的钝锯齿，两面被白色长柔毛，叶柄长0.3～0.6厘米。

花　总状花序很长。苞片叶状，下部的对生或全部互生，边缘具齿，与叶近等大，花梗比苞片略短。花萼4深裂，裂片卵形。花冠淡紫色、蓝色、粉色或白色，直径0.4～0.5厘米，裂片圆形至卵形。

果实　蒴果，近肾形，宽0.4～0.5厘米，凹口约为直角，裂片顶端圆，密被腺毛，无明显网脉。

种子　舟形，长约0.1厘米，淡黄色，正面臌胀，背面具皱纹。

【幼苗】子叶卵形，长0.5～0.6厘米，宽0.3～0.4厘米，先端钝，基部渐狭，柄与叶近等长。初生真叶2片，三角状卵形，基部截形，叶柄具白色柔毛。

兔儿尾苗 *Veronica longifolia* L.

【别名】长尾婆婆纳。

【英文名称】Longleaf Speedwell

【生物学特性及危害】多年生草本，花果期6～8月。生于草地、荒地等。发生量小、危害轻。

【形态特征】

茎　株高40～100厘米。茎单生或疏丛生，近于直立，不分枝或上部分枝。

叶　对生，偶尔轮生，节上有一个环连接叶柄基部，叶柄长0.2～0.4厘米，偶尔达1厘米，不抱茎。叶片披针形，长4～15厘米，宽1～3厘米，基部圆钝至宽楔形，有时浅心形，全缘，边缘有深的三角状尖锯齿，两面无毛或有短曲毛。

花　总状花序长穗状，常单生，花密集，各部分均有白色短毛。花冠紫色或蓝色，长0.5～0.6厘米，筒部长占2/5～1/2，裂片开展，后方一片卵形，其余长卵形，花梗长约0.2厘米。

果实　蒴果，长约0.3厘米，光滑。

阿拉伯婆婆纳 *Veronica persica* Poir.

【别名】波斯婆婆纳。

【英文名称】Iran Speedwell

【生物学特性及危害】一二年生草本，花果期3～6月。夏熟作物田杂草，种子繁殖。

【形态特征】

茎　植株铺散或斜升，分枝成丛，密生两列柔毛。

叶　卵形或肾状圆形，长0.6～2厘米，宽0.5～1.8厘米，边缘具钝锯齿，两面疏生柔毛，有短柄。

花　总状花序很长。苞片互生，与叶同形且几乎等大，有齿，花梗比苞片长。花萼4深裂，裂片卵状披针形，果期膨大，宿存。花冠蓝色、紫色或蓝紫色，长0.4～0.6厘米，裂片卵形至圆形，具深蓝色条纹。

果实　蒴果，扁心形，长短于宽，具网纹，顶部两裂，凹口角度大于90度，裂片顶端钝，宿存花柱超过凹口。

种子　舟形，正面臌胀，背面具深横纹。

【幼苗】子叶阔卵形，先端钝圆，基部圆形，全缘，具长柄。初生真叶2片，对生，卵状三角形，先端钝尖，基部近圆形，被短柔毛，叶脉明显，具长柄。

【近似种识别要点】

婆婆纳	花梗比苞片略短，蒴果宽0.4～0.5厘米，无明显网脉，凹口的角度近于直角
阿拉伯婆婆纳	花梗比苞片长，蒴果宽0.5厘米以上，具明显网脉，凹口的角度大于90°

旋 花 科

Convolvulaceae

打碗花 *Calystegia hederacea* Wall.

【别名】小旋花。

【英文名称】Ivy Glorybind

【生物学特性及危害】多年生蔓生草本，花果期5～9月。农田重要杂草，可危害小麦、棉花、豆类、红薯、玉米、蔬菜以及果树等，地下茎茎芽及种子繁殖。

【形态特征】

茎 具白色地下横走根茎。地上茎细，蔓生或缠绕，常自基部分枝，有细棱，光滑。

叶 叶互生，具长柄。基部叶片长圆形，长2～4.5厘米，先端圆，基部心形。上部叶片三角状戟形，中裂片卵状三角形或长圆状披针形，侧裂片戟形，全缘或2～3裂。

花 花单生于叶腋，花梗长于叶柄，有细棱。苞片2个，宽卵形，长0.8～1.6厘米，覆盖萼片，宿存。萼片5个，略短于苞片。花冠淡紫色或粉红色，漏斗状，长2～3厘米。

果实　蒴果，卵球形，果实与宿存萼片近等长。

种子　黑褐色，长0.4～0.5厘米。

【幼苗】粗壮，光滑无毛。子叶近方形，长约1厘米，先端微凹，基部近截形，有长柄。初生真叶1片，阔卵形，先端钝圆，基部耳垂形，全缘，叶柄与叶片几乎等长。

田旋花 *Convolvulus arvensis* L.

【**别名**】中国旋花、箭叶旋花。

【**英文名称**】Field Bindweed

【**生物学特性及危害**】多年生缠绕草本，花果期5～9月。农田重要杂草，危害小麦、棉花、豆类、玉米、蔬菜及果树等，地下茎茎芽及种子繁殖。

【**形态特征**】

茎 根状地下茎横走。地上茎蔓生或缠绕，有条纹及棱，无毛或上部被疏柔毛。

叶 叶片戟形，长2.5～5厘米，宽1～3厘米，全缘或3裂，中裂片卵状椭圆形、狭三角形或披针状长圆形，侧裂片展开，耳形或戟形，顶端微尖。叶柄长1～2厘米，比叶片短。

花 花序腋生，总花序梗长3～8厘米，一至多花。苞片2个，线形。萼片5个，宿存。花冠宽漏斗形，长1.5～2.6厘米，白色、粉红色或粉白色带相间，先端5浅裂。

果实 蒴果，卵状球形或圆锥形，长0.5～0.8厘米，无毛，种子4粒。

种子 暗褐色或黑色，近卵圆形，长0.3～0.4厘米，无毛。

【幼苗】子叶近方形，长约1厘米，先端微凹，基部截形。初生真叶1片，近矩圆形，先端圆，基部两侧稍向外突出成距。

菟丝子 *Cuscuta chinensis* Lam.

【别名】中国菟丝子、大豆菟丝子、黄丝、无根草、金丝藤。

【英文名称】Chinese Dodder

【生物学特性及危害】一年生缠绕草本，寄生生活，花果期6～9月。危害大豆、花生、苜蓿、马铃薯等，以种子繁殖为主，断茎再生能力很强，能进行营养繁殖。

【形态特征】

茎 纤细，缠绕，黄色，直径约0.1厘米，多分枝。

叶 无叶。

花 花序侧生，多数花簇生成小团伞花序，几乎无总花序梗。花萼杯状，中部以下连合，裂片三角状。花冠白色，壶形，长约0.3厘米，裂片三角状卵形，先端锐尖或钝，向外反折，宿存。花柱2，柱头球形，雄蕊着生于花冠裂片弯缺处下方。

果实 蒴果，球形，直径约0.3厘米，几乎全为宿存的花冠所包围，成熟时整齐周裂，种子2～4粒。

种子 淡褐色，卵形，长约0.1厘米，表面粗糙。

裂叶牵牛 *Pharbitis nil* (L.) Choisy

【别名】牵牛。

【英文名称】Lobedleaf Pharbitis

【生物学特性及危害】一年生缠绕草本，花果期6～10月。适应性广，主要危害玉米、果树及蔬菜等，部分果园及苗圃危害重，种子繁殖。

【形态特征】

茎　茎缠绕，全株被短柔毛和粗硬毛。

叶　叶片长4～15厘米，3～5裂，中裂片长圆形或卵圆形，渐尖或急尖，侧裂片较短，三角形，叶面被毛。叶柄长2～15厘米。

花　花腋生，单一或2朵着生于花序梗顶端，花序梗长短不一，通常短于叶柄。苞片线形或叶状，小苞片线形。萼片5个，披针状线形，

长2～2.5厘米。花冠漏斗状，长5～8厘米，蓝紫色或紫红色，花冠管颜色较淡，近白色。

　　果实　蒴果，近球形，直径0.8～1.3厘米，3瓣裂。

　　种子　黑褐色或米黄色，卵状三棱形，长约0.6厘米。

　　【幼苗】子叶近方形，长约2厘米，先端缺刻几乎达叶片中部，基部心形，叶脉明显，具柄，柄被短硬毛。初生真叶1片，3裂，中裂片大，先端渐尖，基部心形。

圆叶牵牛 *Pharbitis purpurea* (L.) Voigt

　　【别名】牵牛花、喇叭花。

　　【英文名称】Roundleaf Pharbitis

　　【生物学特性及危害】一年生缠绕草本，花果期6～10月。适应性广，主要危害玉米、果树及蔬菜等，局部地块危害严重，种子繁殖。

【形态特征】

茎　茎缠绕，全株被短柔毛和粗硬毛。

叶　叶片卵圆形，长4～18厘米，宽3.5～16.5厘米，先端尖，基部心形，通常全缘，叶柄长2～12厘米。

花　花腋生，1～5朵着生于花序梗顶端成聚伞花序，花序梗长4～12厘米，比叶柄短或近等长，具小花梗。苞片2个，线形，长0.6～0.7厘米。萼片5个，外萼片长椭圆形，渐尖，长1～1.6厘米。花冠漏斗状，长4～6厘米，紫红色、粉红色或白色，花冠管通常白色。

果实　蒴果，近球形，直径0.9～1厘米，3瓣裂。

种子　黑褐色或米黄色，卵状三棱形，长约0.5厘米，被短毛。

【幼苗】与裂叶牵牛近似，但初生真叶卵状心形。

【近似种识别要点】

| 圆叶牵牛 | 叶片通常全缘 |
| 裂叶牵牛 | 叶片通常三裂 |

鸭 跖 草 科

Commelinaceae

饭包草 *Commelina bengalensis* L.

【别名】火柴头。

【英文名称】Bengal Dayflower

【生物学特性及危害】多年生草本，花果期7～10月。主要危害玉米、果树、苗圃等，多由匍匐茎繁殖。

【形态特征】

茎　茎大部分匍匐，多分枝，上部上升，长可达70厘米，被稀疏柔毛，节上生不定根。

叶　叶片卵形，具柄，长3～7厘米，宽1.5～4厘米，近无毛，叶鞘口有稀疏的长睫毛。

花　总苞片佛焰苞状，柄极短，常数个集于枝顶，下部边缘合生成漏斗状，长0.8～1.2厘米。花序分为两枝，下面一枝具细长梗，伸出佛焰苞，有1～3朵不孕花，上面一枝不伸出佛焰苞，有数朵花，结实。萼片膜质，披针形。花瓣蓝色，长0.3～0.5厘米。

果实　蒴果，椭圆状，长0.4～0.6厘米。分为3室，腹面2室，每室有两粒种子，开裂；后面一室仅有1粒或没有种子，不裂。

种子　黑色，长约0.2厘米，多皱并有不规则网纹。

【幼苗】子叶不出土。初生真叶1片，椭圆形，有5条弧形脉，叶鞘及鞘口均有长柔毛。后生叶卵形。

鸭跖草 *Commelina communis* L.

【别名】竹叶草、蓝花草、竹节草、淡竹叶。

【英文名称】Common Dayflower

【生物学特性及危害】一年生草本，花果期6～10月。危害玉米、谷子、小麦、蔬菜及果树，种子及匍匐茎繁殖。

【形态特征】

茎　茎披散，多分枝，匍匐枝节上生根，长可达1米，下部无毛，上部被短毛。

叶　叶片披针形或卵状披针形，先端锐尖，长3～9厘米，宽1.5～2厘米，几乎无柄。

花　总苞片佛焰苞状，有1.5～4厘米的柄，与叶对生，折叠状，展开后为心形，长1～2.5厘米，顶端急尖，基部心形，边缘分离。聚伞花序，略伸出佛焰苞外。花瓣3个，深蓝色，分离，内面2枚具爪，长约1厘米。

　　果实　蒴果，椭圆形，长0.5～0.7厘米，2室，2片裂，有种子4粒。

　　种子　棕黄色，长0.2～0.3厘米，一端平截，腹面平，有不规则窝孔。

【幼苗】子叶1片。第一片真叶椭圆形，有光泽，长1.5～2厘米，先端锐尖，基部有鞘抱茎，叶鞘口有毛。后面出生的叶为披针形。

【近似种识别要点】

鸭跖草	叶片披针形或卵状披针形，先端锐尖；佛焰苞边缘分离
饭包草	叶片卵形；佛焰苞下缘连合而成漏斗状

罂 粟 科
Papaveraceae

地丁草 *Corydalis bungeana* Turcz.

【别名】紫堇、本氏紫堇。

【英文名称】Bunge Corydalis

【生物学特性及危害】一二年生草本，花果期4～7月。麦田、果园、菜园常见，危害较轻，种子繁殖。

【形态特征】

茎　株高10～50厘米，自基部铺散分枝，灰绿色，具棱。

叶　基生叶二至三回羽状全裂，长4～8厘米，正面绿色，背面苍白色，叶柄约与叶片等长；一回裂片3～5对，轮廓宽卵形，具细柄或近无柄，小裂片狭卵形至披针状线形，先端具尖头。茎生叶与基生叶形状相似。

花　总状花序，长1～6厘米。苞片叶状，花梗短，萼片宽卵圆形至三角形，早落。花瓣4个，花粉红色至淡紫色，外花瓣顶端略下凹，具浅鸡冠状突起；上花瓣长1.1～1.4厘米，距长约0.4～0.5厘米，稍向

上斜伸，末端略膨大；下花瓣稍向前伸出；内花瓣顶端深紫色。

　　果实　蒴果，豆荚状，椭圆形，长1.5～2厘米，宽0.4～0.5厘米，下垂，具2列种子。

　　种子　直径约0.2厘米，边缘具小凹点。

野罂粟 *Papaver nudicaule* L.

【别名】山大烟。

【英文名称】Chinese Poppy

【生物学特性及危害】多年生草本，花果期5～9月。生于草地、山坡等，偶尔逸生到农田，极少危害，种子繁殖。

【形态特征】

　　根　主根圆柱形，向下渐狭成纺锤状。

　　茎　株高20～60厘米。根状茎短，通常不分枝；地上茎极短。

　　叶　叶全部基生。叶片轮廓卵形至披针形，长3～8厘米，羽状浅裂、深裂或全裂；裂片2～4对，全缘或再次羽状分裂，两面稍有白粉。叶柄长1～12厘米，基部扩大成鞘，有斜展的刚毛。

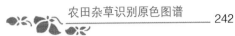

花　花葶1至数枝，粗壮，圆柱形，直立，有刚毛，花单生于花葶顶端。萼片2，早落。花瓣4，淡黄色至橙黄色，宽楔形或倒卵形，长1.5～3厘米，边缘具浅波状圆齿，基部具短爪。

果实　蒴果，倒卵形或倒卵状长圆形，长1～1.7厘米，密被灰白色刚毛，有4～8条淡色的宽棱。

种子　褐色，小，近肾形。

雨久花科

Pontederiaceae

凤眼莲 *Eichhornia crassipes* (Mart.) Solms

【别名】凤眼蓝、水葫芦。

【英文名称】Common Waterhyacinth

【生物学特性及危害】浮水草本，花果期7～11月。稻田及沟塘杂草，匍匐枝与母株分离后长成新植株，该杂草繁殖力极强，除危害水稻外，还可造成河道堵塞、阻碍排灌、影响航运等。

【形态特征】

根　须根发达，棕黑色，长达30厘米。

茎　根状茎极短，具长匍匐枝。

叶　叶在基部丛生，一般5～10片莲座状排列。叶片圆形或宽卵形，大小不一，宽5～14厘米，质地厚，先端常钝圆，基部宽楔形或浅心形，全缘，叶脉弧形，光亮。叶柄中部膨大成囊状或纺锤形，海绵质、绿色或黄绿色，基部有鞘。

花　花葶单一，长30～46厘米，多棱。穗状花序，长17～20厘米，通常具9～12朵花，花无梗。花被裂片6枚，卵形、长圆形或倒卵形，紫蓝色，花冠略两侧对称，上方1枚裂片较大，四周淡紫红色，中间蓝色，中央有一黄色圆斑，花被片基部合生成筒。

果实　蒴果，卵形。

雨久花 *Monochoria korsakowii* Regel et Maack

【英文名称】Korsakow Monochoria

【生物学特性及危害】一年生沼生草本，花果期7～10月。生于河边、沼泽、水田等，种子繁殖。

【形态特征】

茎　株高30～70厘米。根状茎粗壮，具柔软须根。茎直立，全株光滑无毛。

叶　基生叶宽卵状心形，长4～10厘米，宽3～8厘米，先端急尖或渐尖，基部心形，全缘，具多数弧状脉。叶柄长达30厘米，有时膨大成囊状；茎生叶叶柄较短，基部增大成鞘，抱茎。

花　总状花序，顶生，具花10余朵，有花梗。花被片6片，蓝色，椭圆形，顶端圆钝，长1～1.4厘米。

果实　蒴果，长卵圆形，长1～1.2厘米。

种子　长圆形，长约0.15厘米，有纵棱。

泽 泻 科

Alismataceae

泽泻 *Alisma plantago-aquatica* L.

【英文名称】American Waterplantain

【生物学特性及危害】多年生水生或沼生草本，花果期5～10月。一般性杂草，水田可见，种子繁殖。

【形态特征】

茎　具块状茎，直径1～5厘米。

叶　叶全部基生，宽披针形、椭圆形至卵形，长2～11厘米，宽1～7厘米，先端尖，基部宽楔形或浅心形，全缘，光滑无毛，叶脉通常5条。叶柄长1.5～30厘米，基部呈鞘状。

花　花葶直立，高70～100厘米，大型圆锥状聚伞花序，长15～50厘米，具3～8轮分枝，每轮分枝3～9个。外轮花被片阔卵形，边缘膜质，内轮花被片近圆形，白色、粉红色或浅紫色，边缘具不规则粗齿。

果实　瘦果，椭圆形或近矩圆形，长约0.25厘米，下部平，具果喙。

种子　紫褐色，具凸起。

野慈姑　*Sagittaria trifolia* L.

【英文名称】Oldworld Arrowhead

【生物学特性及危害】多年生水生或沼生草本，花果期6～10月。水田杂草，以块茎和种子繁殖。

【形态特征】

茎　根状地下茎横走，较粗壮，匍匐茎末端膨大呈球茎。

叶　叶三角箭形，叶片在近中部延长为两片披针形长裂片，外展成燕尾状，通常侧裂片长于顶裂片。叶片大小变异很大，叶柄长20～50厘米，基部渐宽，鞘状。

花　花葶直立，高20～70厘米，通常粗壮。总状或圆锥状花序，长5～20厘米，具分枝；花轮生，每轮2～3花。苞片3枚，先端尖。花瓣白色或淡黄色，心皮多数，密集成球形。

果实　瘦果，倒卵形，两侧压扁，长约0.4厘米，具翅。

剪刀草 *Sagittaria trifolia* L. var. *trifolia* f. *longiloba* (Turcz.) Makino

【别名】长瓣慈姑。

【英文名称】Longbarb Arrowhead

【生物学特性及危害】多年生沼生草本，花果期6～10月。稻田及沼泽地杂草，球茎及种子繁殖。

【形态特征】

茎　有小球茎和细的匍匐茎。

叶　基生，通常三角状箭头形，叶片在近中部延长为两片披针形长裂片，裂片较窄，两侧裂片明显长于顶裂片，尾端长渐尖，呈飞燕状，全长约15厘米，裂片宽约0.5～1.5厘米，叶柄长。

花　花葶直立，高30～50厘米。总状花序，花轮生，通常2～3轮。花瓣白色；心皮多数，密集成球形。

果实　瘦果，斜倒卵形，扁平，背腹两面有薄翅。

【近似种识别要点】

野慈姑	叶的裂片较宽，叶片呈三角状箭形
剪刀草	叶的裂片较窄，呈飞燕状箭形

紫 草 科

Boraginaceae

斑种草 *Bothriospermum chinense* Bge.

【英文名称】Chinese Bothriospermum

【生物学特性及危害】一二年生草本，花果期4～10月。常危害果园，种子繁殖。

【形态特征】

茎　高20～30厘米。茎数条丛生，具分枝，直立或斜升，密生开展或向上的硬毛。

叶　基生叶及茎下部叶匙形或倒披针形，长3～10厘米，宽1～1.5厘米，先端圆钝，基部渐狭为叶柄，边缘皱波状或近全缘，两面被毛，具长柄。茎中部及上部叶长圆形，长1.5～2.5厘米，宽0.5～1厘米，先端尖，基部楔形或宽楔形，两面被毛，无柄。

花　花序长5～15厘米，苞片卵形，花梗短。花萼长0.25～0.4厘米，裂片披针形，裂至近基部，外面密生向上开展的硬毛及短伏毛。花冠淡蓝色或白色带蓝色条纹，长约0.4厘米，裂片圆形，喉部有5个先端深2裂的梯形附属物。

果实　小坚果，肾形，长约0.25厘米，有网状皱折及稠密的粒状突起，腹面有椭圆形的横凹陷。

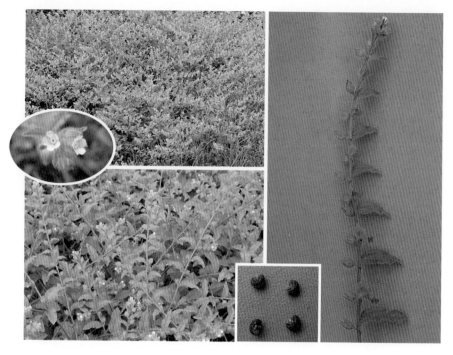

柔弱斑种草 *Bothriospermum tenellum* (Hornem.) Fisch. et Mey.

【别名】细茎斑种草。

【英文名称】Tender Bothriospermum

【生物学特性及危害】一年生草本，花果期4～10月。夏熟作物田杂草，种子繁殖。

【形态特征】

茎　高15～30厘米。茎细弱，丛生，直立或平卧，多分枝，被向上贴伏的糙伏毛。

叶　椭圆形或狭椭圆形，长1～2.5厘米，宽0.5～1厘米，两面均被糙伏毛或短硬毛，下部叶具柄，上部叶无柄。

花　花序细弱，长10～20厘米。苞片椭圆形或狭卵形，长0.5～

1厘米，被糙伏毛或硬毛，具花梗。花萼长0.1～0.3厘米，裂至近基部，裂片披针形或卵状披针形，宿存，被伏毛或硬毛。花冠蓝色或淡蓝色，直径0.2～0.3厘米，裂片圆形，喉部有5个梯形附属物。

　　果实　小坚果，肾形，长0.15厘米，腹面具纵椭圆形的环状凹陷。

　　【幼苗】子叶近长圆形，上面密生糙毛，边缘具睫毛，具短柄。初生真叶1片，阔卵形，两面均被密毛。

　　【近似种识别要点】

斑种草	茎较粗壮，丛生；果实腹面的环状凹陷为横向
柔弱斑种草	茎细弱，丛生；果实腹面的环状凹陷为纵向

麦家公 *Lithospermum arvense* L.

　　【别名】田紫草。

　　【英文名称】Corn Gromwell

　　【生物学特性及危害】一二年生草本，花果期4～8月。危害夏收作物，为麦田主要杂草，种子繁殖。

　　【形态特征】

　　茎　株高15～35厘米，茎通常单一，具分枝，有短糙伏毛。

　　叶　倒披针形至线形，长2～4厘米，宽0.3～0.7厘米，先端急尖，两面均有短糙伏毛，无叶柄。

　　花　聚伞花序，生于枝上部，长可达10厘米，排列稀疏，有短花梗。苞片叶形，较小。花萼5裂近基部，裂片披针状条形。花冠高脚碟状，白色，有时蓝色或淡蓝色，5裂，筒部长约0.4厘米，檐部长约为筒部的一半，裂片卵形或长圆形，直立或稍开展。

　　果实　小坚果，灰褐色，三角状卵球形，长约0.3厘米，无光泽，有疣状突起。

　　【**幼苗**】子叶阔卵形，先端微凹，基部圆形，具柄。初生真叶2片，对生，椭圆形，先端钝尖或微凹，基部楔形。

砂引草 *Messerschmidia sibirica* L.

【别名】细叶砂引草、羊担子。

【英文名称】Siberian Messerschmidia

【生物学特性及危害】多年生草本，花果期5～10月。一般性杂草，危害较轻。

【形态特征】

茎　株高10～30厘米，有细长根状茎，地上茎直立或斜升，具分枝，全株密生白色长柔毛。

叶　线状披针形、披针形或狭长圆形，全缘，长1～5厘米，宽0.6～1厘米，密生糙伏毛或长柔毛。中脉明显，正面凹陷，背面突起；无柄或叶柄很短。

花 聚伞花序顶生。萼片5，披针形，密生白色柔毛，具花梗。花冠黄白色，钟状，裂片卵形或长圆形，比花冠筒短，外弯。

果实 核果，椭圆形或卵球形，直径0.5～0.8厘米，密生短柔毛，先端稍凹陷，具纵棱，成熟时分裂为两个分核，各含两粒种子。

附地菜 *Trigonotis peduncularis* (Trev.) Benth. ex Baker et Moore

【别名】地胡椒、鸡肠草、地铺圪草。

【英文名称】Pedunculate Trigonotis

【生物学特性及危害】一二年生草本，花果期3～7月。危害小麦等夏收作物、蔬菜及果树等，种子繁殖。

【形态特征】

茎 茎多数丛生，铺散，基部多分枝，被短糙伏毛。

叶 基生叶呈莲座状，叶片匙形，长2～5厘米，先端圆钝，基部楔形或渐狭，两面被糙伏毛，具叶柄。茎上部叶长圆形或椭圆形，无叶柄或具短柄。

花 花序顶生，幼时卷曲，后渐次伸长，长5～20厘米，仅在基部具2～3个叶状苞片，其余无苞片。花梗短，顶端与花萼连接部分变粗呈棒状。花萼裂片卵形，先端急尖。花冠淡蓝色或粉色，直径

约0.2厘米，裂片平展，倒卵形，先端圆钝，喉部有5个白色或黄色附属物。

果实　小坚果4枚，三角状锥形，长约0.1厘米，具3锐棱。

【幼苗】全株被糙伏毛。子叶近圆形，直径约0.3厘米，全缘，具短柄。初生真叶1片，与子叶相似，具长柄。

紫 葳 科

Bignoniaceae

角蒿 *Incarvillea sinensis* Lam.

【别名】萝蒿、大一枝蒿、羊角蒿、羊角草。

【英文名称】Chinese Incarvillea

【生物学特性及危害】一年生至多年生草本，花果期5～10月。果园、田埂常见，一般性杂草，危害较轻，种子繁殖。

【形态特征】

茎　茎直立，株高可达150厘米，具分枝。

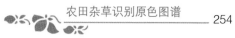

  叶 互生，二至三回羽状全裂，形态多变，长4～10厘米，小叶不规则细裂，末回裂片线状披针形，具细齿或全缘。

  花 总状花序，顶生，疏散，长达20厘米。花梗长0.1～0.5厘米，小苞片绿色，线形。花萼钟状，绿色带紫红色，萼齿钻状，基部膨大。花冠淡玫瑰色或粉红色，有时带紫色，钟状漏斗形，基部收缩成细筒，长约4厘米，直径约2.5厘米，花冠裂片圆形。

  果实 蒴果，细圆柱形，长4～10厘米，直径约0.5厘米，顶端尾状渐尖。

  种子 扁圆形，直径约0.2厘米，四周具膜质翅，顶端具缺刻。

附录1　杂草中文名拼音顺序索引

附录2　杂草中文名笔画索引

附录3 杂草拉丁学名索引

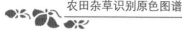

附录4　植物不同器官形态图

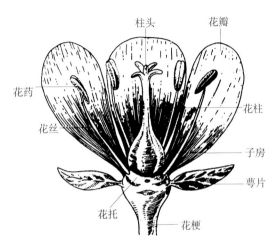

图1　花的组成

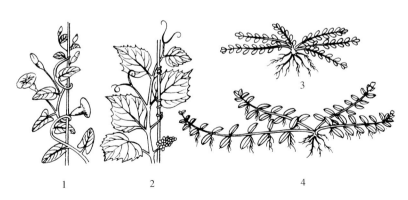

图2　茎的种类
1.缠绕茎　2.攀援茎　3.平卧茎　4.匍匐茎

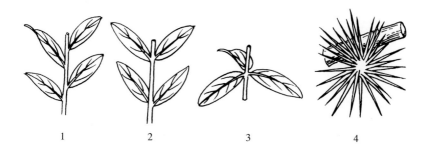

图3　叶的排列方式

1.互生　2.对生　3.轮生　4.簇生

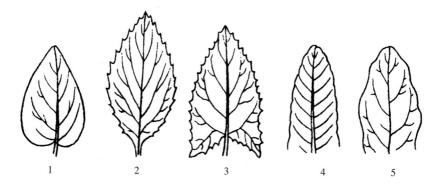

图4　叶缘的基本类型

1.全缘　2.锯齿　3.牙齿　4.钝齿　5.波状

叶尖的形状	渐尖	锐尖	尾尖	钝尖	尖凹	倒心形

叶的全形	最宽处在叶的基部	长宽相等（或长比宽大得不多）	长比宽大 1.5～2倍	长比宽大 3～4倍	长比宽大 5倍以上
		阔卵形（苎麻）	卵形（女贞）	披针形（桃）	条形（水稻）
	最宽处在叶的中部	圆形（莲）	阔椭圆形（橙）	长椭圆形（芒果）	剑形（菠萝）
	最宽处在叶的先端	倒阔卵形（玉兰）	倒卵形（紫云英）	倒披针形（小檗）	

叶基的形状	心形	耳垂形	箭形	楔形	戟形	圆形	偏形

图5　叶形、叶尖、叶基的基本类型

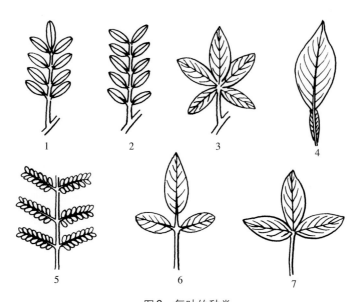

图6　复叶的种类

1.奇数羽状复叶　2.偶数羽状复叶　3.掌状复叶　4.单身复叶　5.二回羽状复叶
6.羽状三出复叶　7.掌状三出复叶

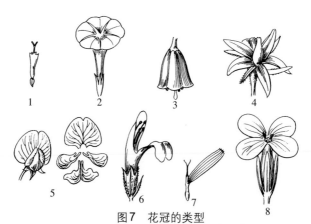

图7　花冠的类型

1.筒状（向日葵）　2.漏斗状（甘薯）　3.钟状（南瓜）　4.轮状（番茄）　5.蝶形（花生）
6.舌状（向日葵）　7.唇形（芝麻）　8.十字形（油菜）

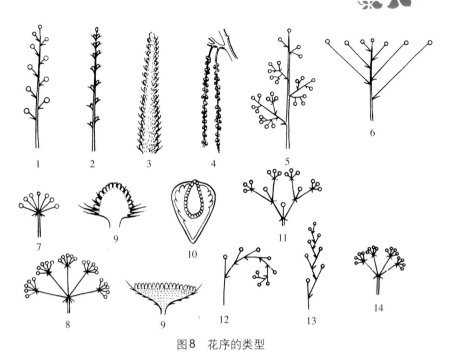

图8 花序的类型

1.总状花序 2.穗状花序 3.肉穗花序 4.葇荑花序 5.圆锥花序 6.伞房花序 7.伞形花序 8.复伞形花序 9.头状花序 10.隐头花序 11.二歧聚伞花序 12,13.单歧聚伞花序 14.多歧聚伞花序

注：图1至图8摘自张宪省，贺学礼主编的《植物学》，2005，中国农业出版社。

参 考 文 献

李扬汉. 1998. 中国杂草志 [M]. 北京：中国农业出版社.

马奇祥，赵永谦. 2005. 农田杂草识别与防除 [M]. 北京：金盾出版社.

南京农业大学杂草研究室. 中国杂草信息系统 [OL]. http://weed.njau.edu.cn:8013/reg/login.asp?w=2.

强胜. 2001. 杂草学 [M]. 北京：中国农业出版社.

苏少泉，宋顺祖. 1996. 中国农田杂草化学防治 [M]. 北京：中国农业出版社.

王枝荣. 1990. 中国农田杂草原色图谱 [M]. 北京：中国农业出版社.

张宪省，贺学孔. 2005. 植物学 [M]. 北京：中国农业出版社.

中国植物志编辑委员会. 中国植物志 [M/OL]. http://foc.lseb.cn/main.asp.

中华人民共和国农业部农药检定所. 2000. 中国杂草原色图鉴 [M]. 北京：中国农业出版社.

周小刚，张辉. 2006. 四川农田常见杂草原色图谱 [M]. 成都：四川科学技术出版社.